如何培养美感

汉宝德 著

生活·讀書·新知 三联书店

Simplified Chinese Copyright © 2016 by SDX Joint Publishing Company.
All Rights Reserved.
本作品中文简体版权由生活·读书·新知三联书店所有。
未经许可，不得翻印。

本书中文简体字版由台湾联经出版事业公司授权出版。

图书在版编目（CIP）数据

 如何培养美感/汉宝德著.—北京：生活·读书·新知三联书店，2016.9（2018.2 重印）
 （汉宝德作品系列）
 ISBN 978-7-108-05672-6

 Ⅰ.①如⋯　Ⅱ.①汉⋯　Ⅲ.①美学－文集　Ⅳ.① B83-53

 中国版本图书馆 CIP 数据核字（2016）第 064005 号

责任编辑	张静芳
装帧设计	康　健　薛　宇
责任校对	王军丽
责任印制	卢　岳
出版发行	生活·讀書·新知 三联书店
	（北京市东城区美术馆东街 22 号 100010）
网　　址	www.sdxjpc.com
经　　销	新华书店
印　　刷	北京隆昌伟业印刷有限公司
版　　次	2016 年 9 月北京第 1 版
	2018 年 2 月北京第 2 次印刷
开　　本	880 毫米 × 1230 毫米　1/32　印张 6.5
字　　数	132 千字　图 118 幅
印　　数	05,001－10,000 册
定　　价	38.00 元

（印装查询：01064002715；邮购查询：01084010542）

三联版序

很高兴北京的三联书店决定要出版我的"作品系列"。按照编辑的计划,这个系列共包括了我过去四十多年间出版的十二本书。由于大陆的读者对我没有多少认识,所以她希望我在卷首写几句话,交代一些基本的资料。

我是一个喜欢写文章的建筑专业者与建筑学教授。说明事理与传播观念是我的兴趣所在,但文章不是我的专业。在过去半个世纪间,我以各种方式发表观点,有专书,也有报章、杂志的专栏,副刊的专题;出版了不少书,可是自己也弄不清楚有多少本。在大陆出版的简体版,有些我连封面都没有看到,也没有十分介意。今天忽然有著名的出版社提出成套的出版计划,使我反省过去,未免太没有介意自己的写作了。

我虽称不上文人,却是关心社会的文化人,我的写作就是说明我对建筑及文化上的个人观点;而在这方面,我是很自豪的。因为在问题的思考上,我不会人云亦云,如果没有自己的观点,通常我不会落笔。

此次所选的十二本书,可以分为三类。前面的三本,属于学术性的著作,大抵都是读古人书得到的一些启发,再整理成篇,希望得到学术界的承认的。中间的六本属于传播性的著作,对象是关心建筑的一般知识分子与社会大众。我的写作生涯,大部分时间投入这一类著作中,在这里选出的是比较接近建筑专业的部分。最后的三本,除一本自传外,分别选了我自公职退休前后的两大兴趣所投注的文集。在退休前,我的休闲生活是古文物的品赏与收藏,退休后,则专注于国民美感素养的培育。这两类都出版了若干本专书。此处所选为其中较落实于生活的选集,有相当的代表性。不用说,这一类的读者是与建筑专业全无相关的。

这三类著作可以说明我一生努力的三个阶段。开始时是自学术的研究中掌握建筑与文化的关系;第二步是希望打破建筑专业的象牙塔,使建筑家为大众服务;第三步是希望提高一般民众的美感素养,使建筑专业者的价值观与社会大众的文化品味相契合。

感谢张静芳小姐的大力推动,解决了种种难题。希望这套书可以顺利出版,为大陆聪明的读者们所接受。

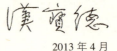

2013 年 4 月

前言

美感的分析

美感的利用需要培养

我常说美感是人类天性的一部分,但需要培养才能广泛地利用在生活里,提升精神生活的品质。我在演讲的时候,常有听众问我要怎样培养自己的美感,我的回答总是"多看美的东西"。这是一句很简单的回答,但做起来却不容易。它有两个难题要先解决:第一,什么是美的东西?第二,怎么样才能常看到它们?这两者都不是很容易解决的问题。

"什么是美的东西?"涉及美感判断,在美学界有很多争议。我写"谈美",十之八九都在肯定关于美感的人类共识,在这里不再多说了。要使大家都能认识美的东西,只有通过美育。这是一个大问题,与政府的教育政策有关。教育部门不做,由文化单位自社会教育着手,是不得已的办法。希望自生活中提升民众的美感素养,只有在社教单位及博物馆、演艺厅的展演活动中注重对美的呈现。还有就是在民众讲习班中提供美的经典性的资料。

  美的经典资料可以解决上述两个难题的一部分。如果把它们印成讲义,一方面可以作为美感判断的标准,另一方面,如果常常翻阅,可以"养眼",达到"素养"的目的。这是不够的,但这是重要的第一步。

以比较法谈美

  为了回应读者们美感培养的需要,我决定冒被专家批评之险写这个系列。我思考了很久,觉得最有效的方法是举例说明,也就是选择一些我认为合乎美学原则的作品为例子,并加以分析,让读者自眼睛的观察所得的"感觉",到理性的分析所得到的理解,合而完成鉴赏的过程。为了强化此一过程的效果,我要强调比较的观念。"美"是一种共通的价值,但也是有层级的价值。换言之,所谓美与丑的分别是比较得来的,而在美的范畴里也有美、比较美、更美的说法,好比美女可以在选美时比高下一样。我以比较法来谈美,却并不是有意地区分美的高下,而是因为在与读者讨论的时候,比较是容易说明概念的办法。

  利用比较法不仅可以说明美的程度,而且可以说明美的要素。美是由形式、色彩、质感、装饰所形成的,一物何以较另一物为美,无非是这四种因素的影响。比较之下,可以说明某物之美,或某物较另一物为美,是由什么因素所形成的。甚至也可以说明美的因素之中何者较为重要,何为主要因素,何为次要因素。

　　当然，我所表达的这些都是我个人观念的产物。我坚信美感是人类的共识，但并不坚持美的判断方式是不移的真理，所以我希望更多支持美育的朋友出来谈美、分析美，使用他们自己的方式。只要接受美的共通感的观念，对美达成大体一致的判断就可以了，不一定要同意我的判断方法。当然了，如果有人同意我的比较判断法，我会很高兴，而且完全赞同他使用我的方法、引用我的资料作为美感推广的工具。

　　换言之，我写此书，就是想填补没有美感推广教材的遗憾，有意将此书作为美育的教本。我有意抛砖引玉，也希望同志们多写些这类的教材供大家采用。

目　录

前言：美感的分析 / 1

【辑一】

爱美的初阶 / 2

从零开始 / 15

秩序与美感 / 27

比例之美 / 40

理性的美感 / 54

色彩世界 / 65

谈质感 / 77

构成之美 / 89

【辑二】

器物篇 ｜ 梅瓶与玉壶春 / 100

器物篇 ｜ 茶杯与茶壶 / 113

书法篇 ｜ 现代人看书法之道 / 125

家具篇 ｜ 椅子之美 / 134

建筑篇 ｜ 留意建筑的美感 / 145

彩瓷篇 ｜ 彩瓷的欣赏 / 159

室内篇 ｜ 享受室内空间 / 168

灯具篇 ｜ 灯具与光源 / 184

后记 / 196

辑一

爱美的初阶

我努力推广美育,是希望利用教育的手段缩短这个转变的过程,使这一代的人,至少是下一代,就能有掌握美感的能力。因为21世纪是美感的世纪,在全球化的大趋势下,美感是一种竞争力……

我写了几年"谈美"的专栏,先后出了两本书,引起不少朋友们的兴趣。可是大家不约而同地问我,为什么不写一本教读者如何培养美感的书?坦白说,我声嘶力竭地提倡美育,不惜冒犯一些学院派的艺术教育的学者,可是从来没有想亲自教授美感培育的课程。因为美感是自美术与设计课程中慢慢培养出来的,速成式的教学我自己也没有想过。朋友们问多了,不免使我动心,我是不是应该为成年人的进修设计一套美学教材呢?考虑了很久,决定一试。

成为爱美之人,学习的动力来自意志

首先,我希望有志于进入美感世界的朋友们调整一下心态。要知道,美感原是要经过培育的,也就是经过教育的手段接受过来,与其他的知识并没有两样。今天没有这样的条件,而是要以自修的方式养成美感,就如同一切自学的过程一样,先要下定决心。学习的动力要来自意志。这并不是一件很容易的事,有些人是做不成的。

要知道,美感的培育与语言一样,自环境中学习是轻而易举的。试想,孩子们学说话何曾花过什么力气?只要在母亲的爱护下成长,自然就学会了。可是要学另一种语言,即使是经过学校教育也是千难万难的。我们学英语,自中学到大学,甚至留洋,十几年下来,还是一口洋泾浜,似通非通,远不如几岁的外国孩子。我们所说的母语就是在孩童时的语言环境下自然学得的。

美感的形成也是如此。一个孩子在美的环境中成长，他自然会养成"眼力"，不需学习。这就是美感被学者们指为"贵族"的原因。在过去，只有贵族之家才讲究品味，美感是品味的一部分。贵族之家的建筑富丽堂皇，家用器物都很讲究，衣着整齐，都蕴有美感。在这样的环境里长大，美感便与母语一样，成为孩子人格的一部分了。可是自19世纪以来，贵族已经不是美的独占者了。欧洲的城市已是中产阶级的居住之地。富裕的市民的品味已上升到古代贵族的层次，因此创造了今天我们看到的美丽的欧洲城市环境，使我们流连再三，回味不已。

以美感教育提升竞争力

今天，富裕时代来临，很多发展中国家已经富有了，新城市在大量建设中，中产的市民逐渐成为社会的中坚。他们也开始需要生活的品味，其中就包含了美感。因此随着富裕生活的普及化，美，成为必需品了。

现在面临的问题是，发展中国家与欧洲不同，不是缓慢进步，经由工业与科学的发展逐渐富裕化的，而是在短短的几十年间，学习西方的文明，在西方的协助下迅速发达的，因此没有经过自贵族而市民而大众的长期文化传递过程就暴发了。所以像台湾这样的地区都面临文化的空虚感，缺乏高尚的气质。但是，在精神条件不足的情况下迅速建设成的生活环境，通常是混乱、丑陋的，没有办法为下一代提供美感养成的氛围。

我国古人知道品味的养成是缓慢的,所以有"两代会吃,三代会穿"这句话。有钱了,需要经过一段文化培育的过程,通过对后代的教育以及增加其与高尚人士接触的机会,慢慢改变。我努力推广美育,是希望利用教育的手段缩短这个转变的过程,使这一代的人,至少是下一代,就能有掌握美感的能力。因为21世纪是美感的世纪,在全球化的大趋势下,美感是一种竞争力,提前掌握美感能力,可以保证在竞争中不会落后,不会停留在代工的阶段。

找到美的基准

对背景加以了解,就知道今天的读者朋友要认真提升美感能力,非下决心不可的道理。下决心把自己潜在的美感能力发挥出来,首先要找到美的基准。可惜的是在台湾的环境中没有这样的基准,即使有也没有人把它标示出来,那要怎样坚持下去呢?这就是我要写这一系列文章的原因。我希望通过我的介绍,可以使读者们找到基准,先认识到哪些才是美的东西。在第三世界,这实在是很令人感到绝望的起步。因此有些学者干脆否认美的存在,或把美污名化,把美视为主观的判断。这是在逃避问题。

下决心培养美感,首先要相信自己的本能与直觉,你并不需要学,就有美的判断力。坚定了信心,就可自最受本能制约的美的判断着手。男孩子喜欢美丽的女孩子是理所当然的,不必忌讳,应该大胆地去欣赏。走到街上看女孩并没有什么不道德，她们打扮给你看，你却不看，岂不是浪费？只是你看却不必一定要搭讪、相识，要保持品头论足的评判态度，看到真正好看的要多加欣赏，偷偷地被感动。

从自然之美的体验中寻找

闲来无事到公园走走。我这样说，是因为自然之美，特别是花草树木，是上帝设计的。希望提高美感能力的人到自然界去找美的基准点是最合理的，只是要用正确的方法去看自然而已。

先把自己变成一个爱花的人。我说爱花就是爱看花，在树枝上或草茎上长出的自然花。没有审美能力的人对插花的艺术尚无法理解或批判，所以为了培育美感，我并不劝你去学插花。同时我希望市政府的公园管理单位不要浪费公帑去弄些古怪的花展之类，破坏自然之美。花展只以展出花为目的还可以，千万不能利用花来搞别的名堂。我曾在大安森林公园中看

Vera／提供

Vera／提供

过虐待花的展览。用各种花当成颜色材料，编织成各种图案与造型，花的本质失掉了，只看到一些造型。用花做成动物与人物，甚至讲述故事，市民们兴高采烈地看着这些奇景，如同赏花灯一样，象征太平盛世的景象。但是真正爱花的人看到这样使用花朵，只能感到痛心。

　　这样的花展除了热闹之外，你能看到什么呢？那些造型不过五颜六色、炫人耳目，形状大多幼稚、怪异得不堪入目，对于美感教育只有反作用而已。当然了，这种做法之始作俑者是外国人。欧洲的巴洛克时代就有了用鲜花编成图案的公园。但在院子里把鲜花排成图案，勉强可以接受，比起把它当成游戏造型的材料要文雅得多了。

欣赏一朵花的几何秩序之美

真正爱花的人会去周末花市走走,借着买花,仔细地欣赏各种美丽的花朵。是,就是欣赏花朵。你拿起每一朵花,仔细看看它的美。它的花瓣、花心与花萼,以及花的整体造型,那才是上帝的杰作!上帝为了美化这个世界创造了万紫千红,花的颜色、质感、形状千变万化,然而都是在同一美的原则下生长出来的。美,是生命奥秘的一部分。上帝是怎么把这么多种花统一起来的呢?

你会发现它们有共同的原则。它们的花瓣有尖、有圆,少者只有四五瓣,多者如菊花那样数不清,但都是自一个中心也就是花心向外辐射,形成圆形,它们或多或少是迎向天空、面对阳光展开来的。因此"美"似乎与简单的几何秩序有关。有些比较繁复的花,如芍药、牡丹之类象征富贵的花,花瓣非常多,似乎没有秩序,其实不然。上帝仍然让这些花瓣层层地围着一个圆心生长,或循着螺旋的模式旋转成丰富的球形花朵。只要认真地看看比较简单的多层花瓣之花朵如玫瑰或康乃馨,就可明白其中的秩序了。仔细看,你会了解几何秩序是美的泉源。

你也许会问,兰花要怎么解释呢?台湾是盛产兰花的宝岛,"蝴蝶兰"品种极多,有世界声誉,为什么不是圆形的花朵呢?要知道,今天我们常见的兰花是花农利用人力造成的样式。我们买回来的兰花,每一枝都有一根铁条支撑着,勉强让它们仰起头来面对我们。这不是兰花的天性。原生的兰花是生长在山谷中的石崖上,根扎在石缝里,孤独地面对着风雨,所以古人称兰为幽兰。兰之茎受地心引力的拉扯是自然下垂的,你可以想象当兰花结苞开花时是背靠石壁、面对幽谷,并不像其他花那样向上伸展,因此兰花是向前而不是向上开放的。这是它的花形呈左右对称、状如蝴蝶的原因,而对称在大自然中是一种非常普遍的几何秩序。除了圆形花朵与某些海洋生物之外,一切生物都是以对称为基本形态的。对称是上帝的指令之一,圆形是多轴对称,没有它,视觉世界就乱成一团了。为什么高级动物都有两只眼睛、两只耳朵分居面部两边,一只鼻子、一只嘴巴居中呢?即是要构成单轴对称,如果不对称,世上还有美可言吗?

如果你认真欣赏兰花的花朵,会看到每朵花有五个花瓣,其中两瓣为圆角的三角形,向左右展开,与花心构成花的主体,面对世界。其他三瓣为橄榄形,衬在后面——一片在上面,直立于中央,两片在下面,分处两侧——呈三角形排列。花心非常有

趣,中央为花蕊,下面有三个小花瓣,形成一个小平台,应该是供采花粉的小动物站立之用吧!这一点就要去请教专家了。

大自然的伟大设计奥秘

如果你欣赏的是有色彩的兰花,如我眼前的这朵,是粉红的底子上有深红的斑点,你会发现上帝在色彩的设计上也是有秩序的。颜色的分布在接近花心处比较浓,靠近边缘处较淡;后排的三个花瓣,上面居中的较淡,在下面两侧者较浓,非常合乎我们心理的需要。我眼前的这朵,深红色呈点与线分布在花瓣上,约略形成脉络,使花瓣看上去像红色的树叶。上帝用这脉络来传送营养与水分,同时也建立起视觉的秩序,呈现美

如何培养美感
爱美的初阶

感,真是一位伟大的设计师!

抱着这样的心情看世界,即使自地上捡起一片树叶,也可以品赏它的美,因为它们都是上帝的造物。

上帝设计的叶子,大多是尖角的橄榄形,一边是连结小枝的蒂,一边是指向天空的尖,中央有一支梗,是主要的动脉,自主脉上分出有规则的支脉,支撑着叶面,同时传送营养到叶面。仔细看可以看到自支脉上分出微血管一样的络,像网一样遍布全叶。你看不出明显的秩序,但又感到一种自然分布的美,以分支系统为架构。那些你看不明白的脉络系统,每片叶子都不相同,又都很类似,是生命的现实。在成长的过程中,个别的生命因不同的境遇,以不同的方式,在同一原则支配下成长,这就是不变中的万变,也就是大千世界的奥秘。

记得我小时候,不像今天的孩子有那么多玩具,自小学起,老师就教我们拾树叶,夹在书本中留念,这个习惯我到老来都无法忘记。十几年前我已六十多岁了,在秋天到京都散心,适逢红叶铺天盖地,令人感动,我拾了几片夹在书中带回来,至今已干透失色,但其美感仍在。我不会写诗,但忍不住写了两

红叶：京都的红枫
（Lin／提供）

首小诗，歌颂它的凄美。自然之美是如假包换的美、俯拾即是的美，所需要的只是张开眼睛，认真地看到它的存在。

科学家的发现，强化对美追求的信念

自然的美，科学家最能理解了。由于学术研究的需要，他们必须有系统地、非常细心地观察植物的形状与结构，而且还会使用科学仪器如显微镜，在放大若干倍后观察自然物的形状与结构。他们发现自微小世界到超大世界，生命是依循同一原则在运行的，其完美令人惊叹！这就是科学家到老会相信神的存在的原因！在20世纪，科学家的这些发现经过传播，强化了现代艺术家追求美的信念，使他们相信，美是天授的，不是阶级斗争的武器。身为人类而不去领会美的价值，是暴殄天物，实在太可惜了。

从零开始

凡是被利用的美都是有目的的美,也就不是真美。这是大哲学家康德花了不少口舌所告诉我们的基本道理。

以真诚为美德,从人类文明的基本价值谈起

对于已经成年的朋友们,从头学习美感并不困难,但要从零开始。这是因为美的本能被长年累月的错误文化灰尘所掩遮,已经不见天日,如果不打扫干净,本能的力量是显现不出来的。请大家不要将其视为一种侮辱。

在人类文明的基本价值——真、善、美三方面,当论及素养这个问题时,是很近似的。人类都有追求真实的本能,以真诚为美德是一种普世价值。但是在"真不易明"的情况下,人类自原始时代即逐渐被巫、鬼的信仰文化绑架,成为迷信的奴隶。科学的精神只在非常有智慧的圣人心中传承着。即使在科学昌明的今天,世上仍有一部分人沉湎在迷信中而不能自拔。在台湾,民间的迷信为恶人所乘,时有大学毕业的女生被神棍蒙骗失身的消息,可知摆脱迷信的羁绊不是一件容易的事。

人类也有行善的本能。中国的亚圣孟子提倡性善论,他用孩子掉到井里大家都会抢着去救来说明人类善的本性。过去教孩子念书认字的课本《三字经》,第一句话就是"人之初,性本善",第二句话是"性相近,习相远"。这是说,人与人的本性是很接近的,后来的学习环境不同才有善恶之别。古人的智慧点明了,人的善良本性很容易被蒙蔽,要想发扬善性,必须把善心上的尘埃都清除了才有可能。不幸的是,人类成长时的学习环境是自己不能控制的。

相对地说,美的本能被掩蔽的情形是不算严重的。真未易

明,善未易察,在价值判断上的困难是我们常有的经验,因此在世上充斥着伪君子、假圣人,使年轻的一代在求知、为人方面无所适从。前些时,台湾大学的校长因主张气功的科学价值而受人质疑。自古以来,严格信守道德规范而冷酷无情的人广被批判。古代处置红杏出墙的女性之手段是非常残酷的,这种规范是善还是恶呢?美,确实没有面对如此的考验,它的误判对人世的影响也没有那么严重。

但是古人有"目迷五色"这句话,是把美视为善行的障碍。这是说,美的价值混乱了,会使人在做人方面迷失正途。比如今人在酒廊里过纸醉金迷的生活,会失去本性,毁掉自己的人生。可见匡正美感的价值也是非常重要的。但一般说来,美与不美对我们的影响不大,所以中国自古以来就没有一套完整的美的原则可供我们学习。

最理想的装饰是强化原有的造型精神

美,自古以来就有高尚的美与流俗的美。通向性灵的美,我们视为高尚,那是真美;通向快感的美,我们视为流俗,那是假美。真美常常被假美所掩遮、所混淆,所以真正保持爱美本性的人并不多。其实在高尚之美的范畴中仍有些分歧,所以美学家们争论不休地去为美下定义,在此我们暂存不论。但纯粹高尚的精神也不能视为美。

让我举一个例子来说明。

一只咖啡杯是一个生活器物,应该有美观的造型。这个造型，包括它的式样、表面质感与实用性，表达出美的精神，使我们感到愉悦。除此之外，没有其他目的。这就是正当的高尚的美感。可是杯子的制作者不会到此为止，他会在上面刻或画些东西，因此趣味就转移了。这就是装饰。

装饰足以吸引我们的眼光，而且花样多，不可避免地夺走了杯子原有的美感。最理想的装饰是强化原有造型的精神，也就是提升其美感。这就像在美味中加点提味的作料。在西方20世纪初的"新艺术"时期，很多装饰就是按照这个原则做的。美国大建筑师莱特的有机建筑理论在建筑装饰上用得很多，大多是强化建筑原有的精神。这样的装饰大多是图案性的，形象的使用是点缀，因此装饰只会强化主体，不会夺去主体的风采。

在杯子上画画，情形就完全不同了。凡是画了大家喜欢看的画，大多属于世俗之美，因为不迁就流俗不足以吸引购买者的注意力。进入画的领域，天地就辽阔了。在杯子上我曾看过床戏，至于裸女之类是很平常的。当然，可爱的女孩子、童子与美丽的花朵，都可能是题材，甚至也有高雅的山水画与名家的抽象画。可是，希望借绘画的力量显示杯子的美、会令人忘掉杯子的存在者，都应该是假美。以画的内容通向快感的尤其是美感的敌人！

中国古代的音乐中，受到士大夫称赏的，是今天我们所知道的雅乐。真正的雅乐早已被我们忘了，只在日本还保留了一些。那是些简单的韵律，发之于简单的乐器，呈现出节奏、和谐之美，激起高尚的情操。可是音乐到了民间，就与酒家的娱乐混为一体，成为助兴的工具，它的美感就被利用来促进快感。所以古代圣人要大家远离"郑声"，是恐怕大家被它的淫荡的乐音所蛊惑而失掉神智。凡是被利用的美都是有目的的美，就不是真美。这是大哲学家康德花了不少口舌所告诉我们的基本道理。

恢复美感的本能

聪明的读者可以了解，由于我们的美感本能很容易为繁复的添加物所蒙蔽，为了恢复我们的审美能力，首要的就是除去这些添加物。这就是为什么近年来很多人提倡减法美学的原因。减法就是先除掉多余的东西。使用减法，可以不必辨别哪些添加物是好的，哪些是坏的，先回到最素朴的状态再说。比如我们使用一个纯白色的杯子。

一个真正的美人最好穿最素朴的衣服。古人说"女要俏，一身孝"，就是指穿白色衣服的女孩子最能显出她的美。因为衣着无色，人们才注意到她的身材之美，她的面容之美。如果穿着五颜六色、装饰华丽的衣服，她的美反而不容易显出来了。这就是西方婚礼中的新娘子要穿白色婚纱的缘故。中国古式的婚礼中，男女都着多彩红底的盛装，其象征的意义大过美的意义。

有人问我，减法要减到什么程度呢？最好减到一无所有，也就是自零点重新开始。

台湾传统建筑的山墙

在简单中发现质感的变化

上世纪末,有所谓"极简"的观念产生在建筑与艺术界,就是要回到本源,以明心见性。在中国道家的思想中,这就是无的境界。正因为无心,真性才会呈现。我们面对一堵白墙壁,似乎空无所有,上面没有任何饰物,开始时你会觉得空洞无物,既无美感也无丑感。看得久了,你会发现即使这堵白壁也会使你有感觉,甚至使你感动。

你会发现白壁有大小、高低、宽窄的不同,轮廓会很明显,尤其是几面白壁在一起的时候,它们之间会有比例与组合的问题。台湾的传统建筑的山墙常常是一面白壁,顶端是人字曲线,中央是或尖或圆的收头。它默默地承受日光的照射、风雨的侵袭，好像一张白纸，听任大自然在上面涂抹，但只有非常敏感的人才能在上面发现无言的乐章。在早上阳光初升起时，可以看到一抹金黄扫过，带来几分欢笑；下午夕阳西下，白壁呈现灰青的调子，带来几分忧郁。小雨中，粉壁着水出现水迹，壁面忽地呈现变化，质感更加清晰了。长时间的冲刷，尘埃就是淡彩，粉壁呈现时间的痕迹，甚至可以用多彩多姿来形容。

如果你开始喜欢白壁的美，可以到大陆皖南走走，那里有白壁组成的乐章。中国的江南建筑群是白壁的组合，徽州建筑为其中之最，层层叠叠的白壁，各种形状的白壁，足以让人流连忘返。岁月冲蚀的痕迹使白壁白中带灰，就是徽州建筑之美，灰瓦的屋顶则是白壁的勾边。

是的，在简单中才能发现质感的变化。因为是白色，才会

金门民宅的白壁之美

徽州村落：宏村的白壁层叠之美

皖南的徽州村落

介意它是反光的还是暗光的白色。象牙白有温润的感觉，油漆白的亮光有时会刺眼，白，也有一系列的白。你依照自己的体会，慢慢提高敏感度，会发现极简中的丰盛。你会感觉到，只要有墙壁，有光线，有空间，就已经很丰富了。如莱特所说的，绘画与雕刻都是多余的。

接受了白壁之美，就可以开始增加元素，比如在壁面的某部分使用砖砌。台湾的壁面使用红砖，大陆多使用青砖，色感不同，各有其长。要点是墙壁上多了一种材料，就出现组合的

徽州村落：带灰色调的白壁之美
（林载爵／摄）

台灣紅磚壁面之美

问题。砖可以做白壁的墙基,可以做边柱,也可以做顶上的收头。可以用得多,把下半段全用斗子砌,只留上半部为白壁,也可以用为点缀,只做勾边。现代的组合千变万化,就产生了创造问题。组合就是构图,是美感的重要课题。元素越是增加,构图的方式越多样化,美感的范畴也越广大,越不容易掌握。对初学者来说,以自少到多逐渐增加,以在自己的掌握之内为度。有些人的个性永远停留在极单纯的美上,以比例、质感与色感为范畴,但总不能避免在白壁前放一张桌子,或在上面挂一张画,这就免不了涉及构图之美的问题了。

清洁是美感的真正初阶

说到这里,我必须强调一个观念,即清洁是美感的真正初阶。这对于出身贫苦的朋友们是一大考验,因为在生活中是否能排除脏乱,是一个自小养成的习惯问题。小时习于杂乱,再去学习清洁整齐的生活是需要一番努力的。早年国民政府努力提倡新生活,希望改变民众的贫苦的生活方式时,有"青年守则"十项,要下一代遵守,其中一项是清洁,但仅视其为健康的基础,没有想到美感的培养。其实清洁在身、心两方面都有极大的影响。

在古代,一个清贫的读书人所能做到的,就是窗明几净。他也许一无所有,但如能做到窗明几净,就可以进入美感世界。通过明亮的窗子可以看到外面的大千世界,树叶的绿色会特别明亮,云霞的流变会特别动人,自然的一切景色都是灿烂的、美丽的。一个简单的台子如保持干净，都能显现木质的朴素的美感，可以沉淀自己的心思，擦亮自己的心镜。所以古人的学堂生涯，开始时就要学着洒扫，把环境弄清洁，然后才是学习应对处世之道。

　　抬头看看世界，东方民族中以日本人最爱清洁，他们也是最注重美感的民族。日本与我们有世仇，但不计仇恨，可看到他们的生活是以简单、清洁为主调的。他们不重视壮观的空间，与中国和西方比较，住宅大多狭小，但因为小，所以与身体较亲近，也越需要清洁。住宅内用席为尺度来安排房间，睡在席上，不必太多家具，只要把地板擦净就好了。吃也很简单，餐具种类少，可以讲究些。但虽只是普通的碗、碟，也是陶工努力做成的，都很可贵。日本在接触西方文明之后很快工业化，而且可以制造出超过西方的产品，就是这种以清洁为基础的美感所促成的。

　　在西方文明中清洁是普遍的价值，近世荷兰这个小国的人民最爱清洁。荷兰在 16 世纪后突起，成为不容忽视的进步力量，与此不无关联。现代主义时期，欧洲的先进观念，凡涉及简单与美感者，大都与荷兰有关。范·杜斯伯（Theo Van Doesberg）的块状组合观念，密斯·凡·德·罗（Mies van der Rohe）的简单造型，都是现代造型美学的宗师，与荷兰文化息息相关。这都是因为：清洁为整齐之本源，整齐为秩序的动力，秩序为求和谐，也就是美感的基本要件。

秩序与美感

堆积与储藏物资是人类最原始的天性，整齐与美感是人类经过教化的天性，这两个矛盾的天性没有妥协的可能，只有有教养、有自信心的人才能做到抛弃多余的东西，完成追求心性生活的目的。

在第一讲中，我希望读者先成为爱美之人；第二讲中，我建议自清洁，也就是自一无所有开始；第三讲则希望进入美感的抽象世界，就是自清洁而整齐，进而认识秩序在美感中的重要性。

我们常把整齐、清洁说在一起，其实在真实世界中，人的习性原不懂得整洁，进入文明社会，整、洁也不是同时存在的。清洁与健康有关，排除生活环境中的恶臭与污物，是最基本的做人之道，是人与禽兽的分水岭。对清洁的要求越高，越能进入精神的领域。荷兰人与日本人要求生活环境中一尘不染，本身有高度的精神意义。清洁虽可能与整齐并存，但没有必然的关系。如果整洁并存，就已经自强身上升到美感的领域了。

与清洁比起来，整齐是比较高级的要求，想做到也比较困难。清洁只要打扫、擦洗就好了，整齐就需要用些头脑。以现代人来说，清洁已经是必然会做到的，整齐则未必。比如大家吃饭后，一定会洗刷锅瓢碗筷。即使是懒人也不过丢在洗槽里久一些，终究还是要洗的。但洗过后安排得整然有序，下次用时手到擒来，就需要一点训练才做得到，而且整齐是有程度之差别的，有人就是做不好，有人要求的条件则极高。

要做到整齐，其中一个条件就是简单。首先，东西太多很难做到整齐；其次，东西的花样多，也很难做到整齐。再以家用饮食器具为例，如只有一碗一筷，要整齐很容易，但如富有之家使用外国的餐具，动辄数十百件，要弄整齐，则需要经过训练的管家才做得到。只种类与数量少还不够,最好花式少。这就是富有之家餐具成套的道理。所谓成套,就是制造时每件的花样已考虑配套的设计,放在一起就有整齐一致的感觉。这是化繁为简之道。如果餐桌上的餐具杯盘碗碟各有花色,即使再考究的东西,也只有凌乱的感觉,不可能产生美感。这就是为什么今天的中级餐厅里都使用白色餐具的原因。

从"减"与"简"到与贪婪及拥有的本性战斗

整齐是美感之始。简单容易做到整齐,所以"简"是美的不二法门。近人说"极简"美学、"减法"美学,都是这个道理。现代人过着富裕的生活,富裕的社会必然是商业社会。这样的社会会生产大量的物品,以供人们选购。产与销是经济成长的动力,我们作为消费者,又有人类贪多的本性,所以为商人所乘。他们不断推出产品,我们禁不住诱惑,所以促销的商场是最热闹的活动场所,最后东西都搬到我们家里了。人类生活能够消耗的物资极少,东西多并没有用,只是满足我们的占有欲,然而这就形成了现代人家里东西过多、形同仓库的问题。这使得关心美感的朋友们大声疾呼"减"与"简",恢复现代人的美感意识。

所以现代人谈美,先要与贪婪及拥有的本性战斗。买没有关系,要舍得丢弃或捐助。以居住环境来说,今天大家住得比过去宽敞得多了,但除非你非常富有,住屋的空间还是很容易成为库房。如果你实在忍不住买东西,最好养成捐助的好习惯,买来不用,捐给没有钱的人使用最为理想。这在经济富裕、物价低廉、空间狭小的香港来说,是特别重要的。

我们知道,堆积与储藏物资是人类最原始的天性,整齐与美感是人类经过教化的天性,这两个矛盾的天性没有妥协的可能,只有有教养、有自信心的人才能做到抛弃多余的东西,完成追求心性生活的目的。即使注重过精神生活的人在这方面也是困难的。到我这个年纪的人,由于需要,大多累积了不少图书资料,越到老年,图书堆了满屋,造成心理压力,但也舍不得丢。在过去书籍是知识的象征,但到今天,连学校图书馆也未必有兴趣接受了。未来的政府文化单位的责任之一,就是如何保存资深文化界人士的收藏物,包括图书、手稿及文物。

言归正传。"极简"有高度的精神价值,但并不符合人类的本性。过度的化繁为简,有时会引起精神的疲劳。化繁为简的例子之一是军营秩序。来自各种社会阶层的人来到军营受训,首先要把五花八门的便装脱下,换上同一式的军装。军装的英文是"uniform",这个词的原意就是"划一",目的是达到非常整齐的效果。在军训的过程中,一切团体行动都要划一,使众多的个人运作起来像一个人那么简单。为什么阅兵典礼那么好看呢?因为异常的整齐划一产生了美感。

尊重多样性

可是我们都吃不消过长的军营生活,很多士兵宁愿到前线打仗。为什么我们喜欢热闹,又喜欢寻求刺激呢?因为我们的精神不时需要进入兴奋的状态。在原始时代，人类为求生存，要猎取食物，又面临被猎杀的危险，必须保持高度警觉，精神在紧张与松懈之间起伏不定。到了文明世界，人类时常要模拟原始的状态，以保持生命存在的感觉，否则就会出现衰与疲的现象，这是简洁美学的最大敌人。

所以在美感上不能过分强调简单。为了心理的需要，我们也应该尊重多样性，这就是通俗美学上常说的"变化中有统一，统一中有变化"的原则。这话虽很普通，却是美感经验中的至理。我们既要以整齐来达成统一，又要变化，如何达成呢？就是要在变化中建立秩序。

秩序是在多样中建立规律

统一与秩序有什么分别呢？统一是划一，也可以说是过分的整齐，如同阿兵哥排队。秩序是在多样中建立规律，是高级美感的基础，一切美学都是自此开始的。西洋的古代艺术家以追求美为主要任务，大多发现美有一定的原则，必须抱着科学的态度才能找到美感的奥秘。所以文艺复兴以后的大艺术家大多兼有科学家的身份，因为秩序与规律是可以用数理来解释的。

掌握相似而非相同

可是秩序的第一个层次是自比较粗糙的感觉开始的，我称之为**形式的近似**。美学家都承认，抛开内容，才能有美的观

徽州村落：形式近似之美

照，所以美只有外在美，这一点我已在以前的文章中讨论过了。形式包括形、色在内，比如我们看到徽州村落的照片颇受感动，是因为村落是由白色的山墙与灰色的屋顶所组成的，从侧面看，白色的面与灰色的线条，符合简单、统一的条件。可是照片上呈现出来的，并不是和军队一样的统一。那些山墙与屋顶，大小不一，长短各异，是很自然的组合。可是每一个山墙都是一个白墙壁，上面有一人形屋顶，它们不相同，但却相似。所以这种秩序的美就是形式的近似所造成的。

相似律在生活美感中的使用非常广泛。前文所提的成套餐具是一个例子。大体上说，凡在一个环境中呈现的众多个体无法统一时，必须在众多个体中找到一个一致的因素，使它们看上去近似而生统一之感。相似律应用最多的领域是城市建筑。欧洲的古老市镇常予人以动人的美感，原因有几个，其中最重要的是建筑与建筑间形式上的近似。走到古老的市街上，看到的建筑无一相同，但建筑风格是相似的，屋顶、门窗、材料等也大体相似，因此呈现出和谐的整体。香港近年来所辟建的新市镇，总是单调的、成排的同样大楼，与此相比，可知相似比起相同来要好得太多了。

变化是通过不相同的群体来完成，统一则使用相似的要素来完成，所得的结果是美感。这些相似的要素就是秩序与规律的建立。所以只要掌握相似的条件，就可以得到美感的效果。这使得美感没有那么难得，特别是在环境方面。

韵律为美感所必要

秩序的第二个层次是比较精确的感觉，是**单纯的韵律**。如果我们把"最简"所呈现的形式视为单一的韵律，多样的组合所呈现的韵律就是丰富的韵律。它所追求的感觉是和谐。一般说来，音乐的韵律是丰富的，组合得好，几十个乐器可以形成美丽的和声。在视觉上，韵律可以简化为节奏，因为眼睛在这方面远不如耳朵来得灵敏。

韵律与节奏的意义是相同的，但按我的解释，后者比较有

欧洲古老市镇建筑形式的和谐感:相似而非相同
(德国杜宾根城广场,Vera/提供)

韵律：把握和谐的原则
（美国密尔沃基美术馆的大厅天花板）

如何培养美感
秩序与美感

打拍子的意思，意象比较简单，韵律则被用来描述繁复的多层和谐关系。举例说，在建筑上用节奏来描述秩序较为恰当，因为建筑形式的要素都是很简单的。西洋建筑的古典系统的外观大多是柱廊。柱廊就是使用简单的柱子为单元，经重复而形成的节奏。复杂与简单的韵律都是形成美感所必要的，而且都讲究精确的表达方式。

很奇怪的是，人类对声音的节奏很敏感，当耳边响起乐音的时候，身体自然有形无形地跟着起舞，配合着节拍，但是视觉上却对节奏的反应很迟钝，必须要经过提醒，甚至教育才领会得到。这是建筑对一般人而言不算艺术的主要原因。生活美学推动之困难正在于此。

今天的建筑已经很少出现用一排柱子的情形了，但是却有整齐排列窗子的设计。现代主义时期喜欢水平窗，建筑的外观常常是一条条水平的平行线，与古代的柱列有异曲同工之妙，可是到了当代，大家反而又喜欢老式的整齐的窗列了。这些在节奏上都是简单的。在过去，建筑学者把节奏用英文字母表示出来，今天试用它向读者说明之。

古典柱列式的节奏可以用 A·A·A·A 表示。到文艺复兴时代后期，有些建筑师开始把这种单纯的节奏略为增加，在大柱间加一小柱，就显得丰富些，这时可写为 A·B·A·B·A。派拉底奥的建筑广为欧洲各地模仿，这两种建筑式样在台湾也可看到。近年来台湾建了不少高楼，在玻璃帷幕上加了直条挺子，这两种节奏都可以找到例子。至于老式的窗列，则可视为垂直与水平均适用的 A·A·A·A 节奏。

壁面砖砌开口Ａ·Ａ·Ａ·Ａ节奏

把握和谐的原则

　　视觉秩序的最后一个层次是**较繁复的韵律**。单纯的节奏常常是对称的、平面的，视觉的韵律则应指非对称与立体的秩序。这种秩序是常见的，只是不为大家注意而已。在建筑上，出现最多的是独栋住宅。在理想的室内设计中，这几乎是最常见到的秩序，因为在现代生活中，居住环境所需求的物件太多了，多得几乎相当于一个乐队，如果不能把握和谐的原则，视觉美感就沦失了。

　　想想看，住宅室内有多少物件？各部分的墙壁、天花板、地板、门窗等建筑元素之复杂度已经超过建筑的外观了，另要加上大小几十件家具，各种灯饰、摆设、餐饮器物，再加上艺术品，把这些东西归纳为一个和谐的整体岂不是非常困

威尼斯图书馆,呈现柱列多重的节奏

难吗？这就是为什么非常富有的家庭室内反而有令人不安的感觉。这也是我在前文中一而再、再而三地提到减法的缘故。如果不自零点开始思考，经营一个高度美感的环境几乎是不可能的。

可惜的是，建筑室内无法与建筑外观一样加以简化、节奏化，使用相似律也只能达到某种初步的和谐感，无法得到雅致的审美感受。而一般的业主必须有高品位的素养才能欣赏一流的精致的设计，他们通常会以自己的品味干预设计师的作业。这就是真正令人激赏的室内设计极为少见的原因。

比例之美

其实古典美学就是文明世界最早找到的完美价值,那是直接自人性中发掘出来的东西,并不是高深的学问。

在古典美学中，比例是美的根源。比例是怎么回事呢？为什么被描述得那么伟大，甚至说成是神的意志呢？

其实古典美学就是文明世界最早找到的完美价值，那是直接自人性中发掘出来的东西，并不是高深的学问。美就是好看，就是看了使我们感到愉快，甚至被吸引的那种力量。古代的聪明人直接分析这个现象，很自然地找到比例的观念，因为它是在我们眼前的现实。所以古典美的观念是不易被挑战的。只要人类没有演化为另一种动物，古典美的原则就不会改变。

古典美来自人体

古典美来自人体。我们对万物之美可能互有异议，但对于人体的美大体上是有共识的。我们欣赏一位美丽的女孩子可以分为两个层面，一是身材，一是面貌，两者缺一不可。现代美女的身材之极动人者被称为"魔鬼的身材"，就是具有性之吸引力的身材，是胸部与臀部等性征特别夸大的身材，可是古典美人是指处处恰如其分的身材。除了该肥处肥、该瘦处瘦之外，身体的各部分长短要合度，即古人说"增一分则太长，减一分则太短"的程度。怎么才是合度呢？西方古代找出了各部分尺寸的关系，称为比例。因为人有高有矮，漂亮与否与高矮肥瘦没有必然的关系，所以不能用绝对尺寸来定美丑，是以各部分的比例来决定。比如我们说一位女性窈窕动人，不能只说她胸围多大，至少要把三围数字都报出来，才能给我们完整的概念。自三个数字我们才能大体知道她的身材是否合度。

身体的各部分长度,在比例上特别重要。西方人很早就观察到,两臂平伸的长度与人体高度约略相等,大腿的长度大体上与上身到头顶的长度相等。一个匀称悦目的身材,头大约占身高的八分之一的比例。

至于面貌的比例就更加细致了。因为面孔是我们与人接触最直接的部分,也是辨别个人的符号,其组成单元为五官,展现出的感觉影响人的一生,所以各民族都有相面的传统。对于白种人与黄种人来说,一张令人愉快的匀称面孔,额头的高度应相当于眉毛到鼻端、鼻端到下领的长度,同时面宽是额头高度的两倍。如果额头太窄,面宽太宽,就接近人猿,不太入眼了。

"黄金比例"统合复杂的元素

为了追求美的奥秘,自古希腊以来,西方人用各种方法来寻求细致的美感原则。16世纪的德国大画家兼理论家杜勒认定了美的规律就是物体的完美比例,使用科学的方法,也就是度量、记录统计人体各部分的长度,以保证在美感创造上的成功。他对男女的身体都曾留下了对完美比例的图解。

这种实验主义的美学态度不容易被大家接受为普遍的原则,大家自然会注目于古典时代以来为人所知的"黄金比例"。所谓黄金比例是怎么回事呢?

它是古希腊人发现的一个神秘数字,可以自数字上找出,也可以自几何学上找出。自几何上的求法是这样的:

先画一个正方形,在中间画一条平分线,平分线与底边相

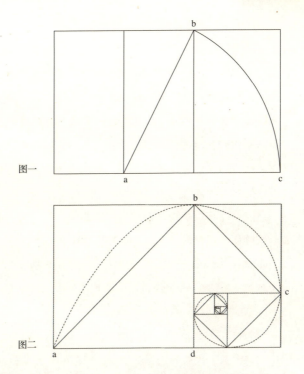

图一

图二

接的点 a 为圆心，以点 a 和右上角的点 b 之间的距离为半径，向右下画一弧线，与底边相交于 c，这样形成的矩形，就是黄金矩形，如图一。这个矩形如此简单，有何神秘可言呢？

　　请看图二。把这个矩形先分成原有的正方形与增添的矩形部分，然后在正方形里画一条对角线 ab，自 b 点用直角向右下方画线，与矩形的边相交于点 c，自 c 点画水平线就形成了右下角一个小的矩形，与原有矩形完全相似。如果重复如上的操作，会发现越向内收，矩形越小，但比例完全相似。连接这些点，就形成了所谓的黄金螺线。有趣的是，没有任何其他比例的矩形可以构成这样美的螺线，也就是海螺断面所呈现的曲线。

这样的螺线形式代表的意思，是一个和谐的比例可以统合很复杂的元素为一整体。用这个比例去看美丽的面孔，也行得通。自大处看，脸孔自下颌到眉毛的长度与眉毛到头顶的长度之比应为黄金比例；自细处看，自下颌到上嘴唇的高度与上嘴唇到鼻端的高度应该是黄金比例；自鼻端到眼睛下侧与眼睛眉毛之间的高度也应是黄金比例。如果仔细看，还可以分析出更多这样的比例关系。

以上的分析是自几何的观点看黄金比例，自数字上也可看出其神秘性。在数学上有一种费邦尼基数十分有趣。自0开始，前位数与本位数相加，作为后位数。0加1等于1，所以第三位数是1，1加1等于2，所以第四位数是2，依此类推，形成一个数字系列如下：

0，1，1，2，3，5，8，13，21，34，55，89……至于无穷。

这个数列，前后相邻数字的比例在审美上是有意义的。1∶1为正方形，是几何美学的基础；2∶1是2倍，3∶2是1.5倍，是简单矩形秩序的基础，都是审美工作者常用的比例。自5∶3以后逐渐出现不易计算的比数，是除不尽的。5∶3是1.66……。以后的比数都是在1.6之尾数上变化，接近1.618……。所以约略地说，审美工作者视8∶5与13∶8为黄金比例是可以接受的。因为到了后面，只是在小数点后的第三位上变化了，在视觉上已经没有太大意义。眼睛并不是很精确的感官。

这个基数在生物学上没有用，在量度生命现象的时候可以使用在对时间与空间的观察上，如叶子生长的序列。

静态观看舒适的黄金矩形

具有美感素养的人大多是自对比例的敏感度出发。这一点，审美工作者大多是同意的。争议点主要在于，黄金比例是否那么不可或缺？现代建筑大师柯布西耶先生是黄金比例的极端支持者。他自经验中感受到，凡看到美的东西，用尺度量，大多合乎黄金比例。因此他写了一本关于黄金比例的书，放弃整数，以比例做成量度工具来从事设计。他下了很大的功夫，但没有得到同业的支持，只能在建筑史上聊备一格。但这并不表示比例的美是无意义的，只是大家不认为视觉感官要求这样精确的运作而已。

我个人的体验是，黄金比例对横向的矩形是有意义的。西方学者也提到，人类的眼睛左右对称，在掌握横向矩形时，在

罗马帝国的凯旋门：比例优美的提度士拱门（Titus Arch）

罗马的君士坦丁凯旋门,为黄金比例

静态的观看状态下，生理上最舒服的范围约略相当于黄金矩形。自这个科学的观察开始思考，可知8：5是接近理想的比例。为了便于操作，3：2也是可以接受的。正方形有其绝对性，很受现代艺术家的喜爱。我个人也很喜欢。

也许是这个原因吧，我对直向矩形的比例不甚敏感。看直向的矩形，非得用眼睛上下移动不可，因此是一种动态的观看方式。为表达动的精神，画幅越长越好，这就是国画长轴的意义。在一个构成中，直向矩形的比例是配合横向矩形的，以建立视觉秩序而已。

从建筑欣赏开始，体会比例之美

简单的比例是建筑美感的精髓。在艺术中，音乐与建筑最为近似：没有故事性，只有抽象的、数学的美感，而建筑则为最简的艺术形式。

建筑对抗地心引力的结构形式，那就是柱子与梁所撑持的空间，或用拱砌成的空间。前者是矩形，后者是半圆形，因此建筑的造型自古以来就是由矩形与半圆形构成的，直到高科技建筑时代来临。可是到今天，简单的几何形仍然是最有力的表达方式。

在建筑史上，这种几何形式所构成的美，最直接的例子是凯旋门。这是古罗马帝国时代的产物，在广场的进口处建一座门，象征出征凯旋，作为永恒的纪念，所以是记功碑的性质，兼有都市景观的功能。这种建筑，由于完全没有实际功

巴黎凯旋门

能，是纯粹的建筑造型，后世很少使用。直到19世纪，欧洲帝国主义大行其道，法国、德国才又有凯旋门出现，最有名的是巴黎凯旋门及柏林布兰登堡门。但是最优雅、美观的还是古罗马的遗物。

到了现代，结构技术进步，建筑功能复繁，照说这种素朴的造型观应该被放弃了，然而它仍旧拥有强大的吸引力。最著名的例子是法国在巴黎西郊所建新市区中，其地标性建筑就是一座新凯旋门。这原是一座数十层的大楼，然而在外观上却是一个简单的"Π"字，遥远地与拿破仑的老凯旋门呼应着。它的美，只是简单的比例良好的矩形。为了凸显简单的门框的意象，大楼正面没有开窗，进口的一些设施都以超现代的透明结

柏林布兰登堡门

巴黎新凯旋门(Grande Arche)

构覆盖着，使人感觉到素朴美感的力量。在它周围有各种造型的当代高楼围绕着，但正因为简单，它才能控制全局，成为新市区的当然核心。

说到这里，想起台湾岛内的姚仁喜也是喜欢使用门框意象的建筑师。他在元智大学设计的教学大楼，就把繁杂的功能归纳到一个简单的门框中，在校园中具有支配性的气势。后来在实践大学与台北市信义区，他又有近似的作品。

以欣赏抽象画为进阶

矩形的比例，由多数不同矩形组成的韵律，是建筑美感的主要来源。要想深刻体会比例的美，非自建筑的欣赏开始不可。当然，要从现代建筑开始，因为现代建筑排除了具有故事性的雕刻装饰，回归到结构的本源，没有比例与节奏，就没有美感存在了。

但是有一派现代建筑师在注重比例之余，仍然注重构造的工艺美感。这些工艺虽然抽象，仍然是有故事性的。对于有些纯形式主义者，工艺的故事性也是多余的，要做到没有技艺痕迹的纯净形式。这就是后现代初期的古典风作品：使用圆柱而没有柱头柱础，甚至完全消除柱梁的架构，用矩形的面与立方体来表现。

要把比例之美用在绘画欣赏上，那就比较高深了。绘画的故事性非常浓厚，比例之美是以构图的方式隐藏在后面的，不是专家就只能于无形中感觉到，无法看得明白。然而绘画中有

保罗·克利,《红气球》

没有比例这种东西呢？不但有，还不能少。除了文艺复兴时期特别重视的描绘人体时所必须着意的比例外，对画中重要元素的安排是绘画创作的重要手段。没有比例的训练，画家就不可能创造画面的美感。

在 20 世纪上半段现代主义盛行时出现的抽象画，是比例与构图在绘画中结合得最密切的一种绘画形式。画家蒙德里安用水平、垂直的线条作画，与建筑的立面非常接近。立体主义的绘画与建筑是互相影响的。大建筑师柯布西耶是黄金比例的专家，他用黄金尺建屋，同时也用黄金尺画画。不只是绘画，他的雕塑也有黄金尺的意味。他的作品被称为"纯粹派"，因为属于造型的艺术，几乎没有故事性。

抽象画在保罗·克利和康定斯基手上奠定了坚实的基础，前者的画中略有人形出现，后者是纯粹的音乐韵律，但都是用几何组织作为架构的，其背后就是比例与组合。这些对初学者也是不容易参透的，但减少了故事性，总是可以集中精神在整体构图之美中着力。习惯了欣赏抽象画的美，就算在比例之美的进阶上入门了。下一步，你会在故事性作品中看出比例的端倪来。

理性的美感

西方的椅子在洛可可时代之后才大有发展,主要是因为女性主导的生活方式中有了舒适的观念,不再强调男性的威严。

一般人总认为美是一种感情的反应，与理性无涉，有人甚至认为理性是美感的障碍。其实这是错误的。什么是美感？是心情顺适、愉悦之感而已！使我们产生美感的事物，必须满足两个条件，其一是顺眼，其二是顺心。顺眼是指合乎我们前文所讲的一些美感条件，也就是视觉愉悦的原则，顺心则是指合乎潜在的合理的原则。为什么是潜在的呢？因为这些原则只存在于我们的常识之中，是一种直感，而不是知识。

举一个例子来说吧！中国古人常说一个美女的身材"多一分则太肥，少一分则太瘦"，以描写她肥瘦合度。真的，我们确实都有这种能力来品评女孩子的身材，但要我们说出个道理来，恐怕很少人做得到。然而怎么知道这是理性的判断呢？因为肥瘦合度指的是该肥的地方肥，该瘦的地方瘦，如果肥在肚子上，瘦在胸脯上，我们可以接受吗？作为一个雌性的生物，胸脯的乳部要肥，腰肢要细，才是健康、可以养育儿女的女子。我们不必成为生理学的专家，上天就赋予我们这种理性判断的能力了。

汉代陶器，但为边疆民族的产物
（邓惠恩／摄）

由于这种理性是以直觉的方式出现在我们的判断之中,所以是人类天性的一部分。有时候,顺眼与顺心是无法分辨的。可是当美感经由文明的陶冶,进入人文的领域,用来判断生活中所见所闻的人造事、物时,就不能不把两者分开了。特别是当我们要创造一些物件来满足我们对美感的需求时,理性的部分是极为重要的。因为这一部分在自然物中是上帝赋予的,不需要我们担心。

理性的美感大体说来是指两点:第一是物质的构成,第二是合目的性。让我分别加以说明。

物质的构成

一个物件必然是由材料制成的。比如做一个杯子,为了盛茶水,一定要用一种不会被水溶化且不漏水的材料制成。没有人用布料做杯子,因为它无法"盛"水;不会用泥做杯子,因

汉代罐子

漆器(流觞杯)之光洁

为会溶掉。可是把泥土用火烧过就可以了,所以最早的古人就发明了陶器。直到今天,陶仍然是适用的材料。在使用陶器之前,我们很难想象人类使用什么器皿饮水。陶器之外,木材可以用来做杯子,可是木制品要凿成,工具不易。所以使用木杯可能是在陶之后了。

  物件之存在,材料之外就是制作,制作无方是不成器的。为什么陶器予人那么自然的感觉?因为制作的方法是人人都想得到的,我们都有玩泥巴的经验。木杯的制作就在大多数人的经验之外了。本来最原始的不透水材料是石材,为什么石器时代没有发明石杯呢?就是因为没有制作方法。直到今天,石杯都是不易制作的,做水槽等大型器物则比较多见。

如何培养美感
理性的美感

陶器使用了几千年，但仍然很粗糙，贵族们开始讲究美观，在金属工具成熟后，就用木材制杯。所以中文的"杯"字是木字旁，因为木杯制作比较工整、轻便。可是太工整了就会因壁薄易渗漏，不合实用，所以我们的老祖先才发明了漆器。从战国到汉代，木胎漆器是很精致的器物，流觞杯是其中之一。直到陶器进步到瓷器，可以登大雅之堂了，木制漆器才慢慢在中国淡出，继续在日本流传。

在小型物件上，只看材料与制作就可以了。展现出来的材质之美，专业的名词称为质感。一个日本式的陶杯有粗质的表面，自然凹凸的杯壁，但不令人感到粗鄙，就是因为这种粗陶素朴的美是由粗糙而自然的材质所造成的。这种质地原是乡间使用的粗陶的特色，乡下人并不以其为美，进入文明社会得是有高度自省能力与美感素养的人才认识这种朴质的美感。中国

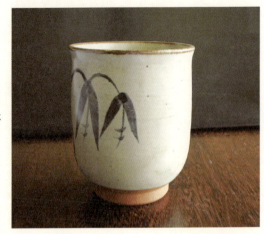

日本陶杯

的陶瓷到了宋代，因发明了光亮晶莹的瓷器，有教养的阶级放弃了粗陶的美。这种素养保留在禅寺里，流传到日本，直到今日。但原味的粗陶仍在中国的民间使用到二次大战前，战后在台湾仍找得到，曾为外国人收藏。日本禅寺传统的粗陶茶杯，由于升级为艺术品，反而有些做作，少些自然韵味了。

大型的物件的物质构成，在材料之外还要注意结构与构造。建筑就是最好的例子，必须有工程师的计算、匠人的手艺，才能安全地竖立起来。一般人都认为结构工程是艰深的科技，不是我们所可了解，似乎无关于美感，其实不然。结构是静力学，它的原则是我们可以感觉得到的，因为静力学主要面对的问题是地心引力。生活在地球表面的我们，不论是我们的身体，还是我们所经营的环境中的造物，都必须抵抗地心引力才能稳定地站立着。如果没有锐敏的反应，我们怎能两只脚着地，不但可以站立，还可以跑、跳，而不会跌倒在地呢？可见我们的身体有能力感受到地心引力，而且可以自然、灵敏地反应，在动态中保持重力的平衡，在重力的场域中生活得很愉快，如同鱼儿在海中游泳一样轻松自然。

把这种感觉投射到对物件的感觉上，确实要有一些素养。可是上帝赋予我们本能，把自己身体的稳定感投射出去，使我们对不安全不稳定的结构，可以迅速反应，而感到不安以躲避危险。**不安定感是无法与美感同时出现的，所以反过来说，结构的安全感是美感的必要条件。**

当代建筑设计非常强调惊奇感，即自反面用结构的不稳定感来刺激观众的神经。这样会不会增加美感呢？这一点是见仁见智的。如果我们用老一辈学者的说法把美感与快感分开，可以说惊奇感带给我们的是快感，稳定感带给我们的是美感。美感是愉悦，快感是痛快。今天的人类神经的敏感度降低了，愉悦的感觉逐渐麻木，非刺激不足以引起兴致，所以美感慢慢要与快感混为一体，分不清了。话说回来，不论是自稳定感所得到的美感，或自惊奇感所得到的快感，都需要身体感觉的投射，因此都是体感的延伸。

功能的美感价值

说到这里，可以连接上"合目的性"的意义了。所谓合目的性，就是指一个物件必有其存在的目的，它的存在价值在于是否能完善地达成这个目的。所以当我们看到一个物件时就会自然地联想到它的目的，凡此物体的外形使我们感觉会达成所预期的功能时，我们就会有顺心之感，反之，我们就产生很多怀疑，甚至烦恼。怀疑与烦恼正是美感的敌人，它们妨碍了理性思维的顺畅。

一个物件的功能仔细分析起来也是科学。在这里，我们所说的是感觉。功能的理性转变为感觉的过程与前文所说的材料是相同的。

再回到杯子吧。在人类文明中，杯子文化发展到后期是以中国瓷器为主轴的。难道没有其他材料吗？有的，在考古发掘中，金属的杯子是常见的，特别是在王室、贵族的墓葬中。金、银等贵金属做成的杯子很适合他们的身份，可以有优美的

宋官窑青瓷：温润的青玉之美

造型与雕饰。中国的唐代受西方影响，在这方面也有不少发展。为什么这样高贵的东西却被放弃，为瓷器所取代了呢？

　　非常简单的理由就是手感。我们都知道材料的导热系数不同。金属导热快，因此温度过高的饮料容易烫手。不但烫手，而且不敢近唇。由于这个理由，我们看到金、银质的杯子时，除了生出高贵感与价值感之外，没有美感。相反地，瓷器的传热功能比较合乎人性，可以配合手的温度，而不只是表面光洁悦目而已。

　　手感与美感最为相通的是玉器。中国人自古以来就知道玉是最温润的材料，握在手中有温暖的感觉，因此与人格产生联想，形成中国特殊的玉文化。在玉器最受重视的周代与汉代，玉杯少见，是因为玉是稀有的材料，制作很困难，所以以制作饰物与礼器为主。今天所见到的玉杯也是所谓的礼器，并不是平常使用的。可是中国人念念不忘玉的手感之美，到北宋就用瓷器来代替，所以宋官窑的美感有大部分是温润的青玉之美。

如何培养美感
理性的美感

在大型的物件上，功能的意义更为明显，所以应用艺术的美感通常建立在功能上。我们在前文举女性之美为例，胸大与臀宽是利于生养子女的象征，也是建立在功能上的判断。有时候由于风尚，流行女性弱不禁风，全身瘦小、柔弱，那不是健康的美感，是文学之感动，如同林黛玉的悲愁惹人怜爱的感觉。这类女性之美大多靠衣物与姣好的面貌来赢得同情。

家具的功能与造型的关系最为明确。在传统的社会，起、坐都是礼仪的一部分，因此中国座椅"正襟危坐"的意味非常浓厚。如果不懂得古人怎样落座，要欣赏明式家具中的座椅就非常困难了。那时候的人知道怎么细致地表现出部件的手感与美感，同时保留社会的意涵。所以今天很少有人去坐这种椅子，大多把它们当古物保存、欣赏了。西方的椅子在洛可可时代之后才大有发展，主要是因为女性主导的生活方

玉杯经常被作为礼器使用

式中有了舒适的观念，不再强调男性的威严。沙发的软面因而产生，木作的曲线形与装饰，乃至金色的使用才被普遍接受。到今天，这种仿古家具在富有阶层还是很流行的，这是一种享乐的语言。

到了现代主义流行的时期，椅子设计成为著名建筑师的副业。他们一方面希望家具与建筑相配，另一方面希望家具造型与功能相结合，椅子设计因此要自对坐姿的研究开始。日本人为这种研究专业起了一个名字，称为"人体工学"，顾名思义，就是研究人体这种工程的学问。人体是一种产品，怎么使它减少生活中的困乏是需要研究的。经过这一段努力，家具就融入生活了，有几种造型美观又非常舒服的躺椅，是古人所不敢想象的。

到了后现代，情势又改变了。现代家具继续为大家使用，但后现代的建筑师不在乎功能，而特别注重外形的象征，设计了一些只能看不能用的家具。这是因为到了富裕的时代，居住空间大幅增加，家具慢慢变成装饰，很少被使用，富有之家愿意花大价钱买相当于艺术品之摆设了。

另一个原因是社会的价值观多元化了。在过去，所谓时代的精神代表了一个时代价值判断的共识，今天的时代精神就是没有共识，不再需要共识。这样一来，时代的错乱就成为理所当然的事。于是今人把古代的价值或造物随意搬到现在，与不可知的未来的遐想放在一起，也不会令人感到惊讶，这就是造成今天艺术乱象的原因。

理性的美感实际是心中合理性的判断与眼睛愉快的感受相

如何培养美感
理性的美感

交融而产生的。理性的判断最初是来自常识，之后逐渐进入知识的领域，所以美感与知识是不可分离的。为什么美感会有偏见呢？是知识缺乏的缘故。我们对异民族的文化常产生反感，是因为对他们的文化、宗教信仰或风俗习惯一无所知，因此感到怪异。外国人初到中国，对中国文物诸多批评与讥讽，但熟悉中国文化后，对中国文物又爱之不忍释手。对中国古物的学术研究是自外国的汉学家开始的，至今古玉的研究仍以哈佛大学的德国教授 Max Loehr 的著作为翘楚。所以，美感的培养与学识是直接相关的。

色彩世界

我发现老师的调色盘是脏的,不像我的调色盘,几种原色整齐地排列着,我忽然觉悟,原来我所看到的风景的颜色不是真实的,而是我心中所想的。

如何培养美感
色彩世界

我们常常把繁华的社会称为"花花世界",就是用丰富的色彩来描述人世的幸福感。但是花花世界同样有纸醉金迷与堕落生活的意味,可知色彩对我们精神生活的影响是多方面的、复杂的。

人的天性是喜欢色彩的。对于花花世界,我们很兴奋地用万紫千红来描述。人类喜欢花,就是喜欢它的色彩亮丽。因此我们不妨把色彩丰富的美视为生物性的美感。我们的眼睛看到花朵,瞳孔就自然放大,与看到美女一样,所以文人通常把美女与花朵联想在一起。可是人类进入文明社会之后,对色彩之美就有不同的价值判断了。

中国古人对色彩的看法是原始的、象征的。顺着人的天性,把亮丽的色彩视为高尚的象征。古代社会把色彩阶级化,黄色的地位最高,属于皇室专用,明黄只有皇帝可以使用。往下依次为紫、红、绿、蓝。黄、紫、红为花的颜色,绿、蓝为背景色,明、清官服的颜色就是按官阶来穿,最低阶穿蓝袍。一般老百姓如何呢?他们只能穿材料自然的颜色,或者是黑色、灰色。所以古代的老百姓有一个称呼——"黔首",黔即是黑的意思。在过去,老百姓建屋只能用灰砖、灰瓦,木材柱梁、门窗如要上漆,只能用黑色。闽南建筑的红色是历史的偶然,在广大中国的他处是看不到的,这一直是建筑学者心中难解的谜。

当精神文明开始提升,人文精神显现的时候,这种原始人性就慢慢退色,人们开始体会到"目迷五色"的问题,把色彩的象征与生活中的色感分开。在我们的日常生活中,颜色是很平淡的,属于自然世界的一部分。体会到五颜六色只是一时之灿烂,生命的常态是平淡而自然的。如果一味追求华丽,生命就迷失了方向。所以道家的思想与生活观到了后世就成为读书人的主流思想了。

平淡为雅、华丽为俗的观念,在一切文明社会都被视为当然。只有贵族与乡下人才喜欢亮丽的颜色,灰色黑色反而被视为高雅的符号了。对有隐逸思想的中国知识分子而言,自然才是最高的标准。因此从自然环境中取得的材料,不加人工,便被视为美。竹篱茅舍,原木的柱梁门窗,都有着清淡得不被注意的颜色,都是无法描述的颜色,但其特色就是与自然环境可以和谐共处。换言之,在有人文素养的社会中,对于颜色的价值判断,反而回到农耕时代了。

让我们回头看看农村的自然色彩。它的重要特色就是没有原色。我们放眼大自然,看到的是山林一片绿色,天空与河流是蓝色;秋天到来,田野里一片黄色;夕阳西下,阳光照射处云天一片红色。这些色彩反映在我们的脑神经中,我们一律以原色来描述与记忆,但我们真正看到的却是调和色,这是一般人未曾留意的事实。

记得我少年读初中时,有水彩画一课,是我平生第一次用彩笔涂鸦。老师要我们试画风景,可是每番尝试结果都很刺眼。我心中困惑,开始注意到老师如何下笔。我发现老师的调色盘是脏的,不像我的调色盘,几种原色整齐地排列着,我忽然觉悟,原来我所看到的风景的颜色不是真实的,而是我心中所想的。真实的颜色没有原色,不但没有原色,而且

还是一切颜色的混合色。当红、黄、蓝、绿各色混在一起的时候就是一种脏脏灰灰的无以名之的颜色。所谓红，是这种脏色加些红，所谓黄，是这种脏色加些黄。而我们眼睛看到的绿色，一定要与脏色混用，才是真实的颜色。自这里我才了解，大自然是没有原色的，所以十分调和，原色是人工的造物，所以看上去刺眼。

我因而体会到，调和是色彩世界的基本原则。我们在生存的环境中，常常无觉于色彩的存在，因为色彩是生命的现象之一。用色彩来辨别物体是日常生活必要的举动，否则就无以营生。这些辨别的功能都在下意识的情况下运作，所以都不是具有刺激作用的。只有花朵在调和的背景中凸显，引起动物的注意时，人类才会对色彩产生短暂的兴奋，然而即使是花朵也极少为纯正的原色。

所以在生活的层面,"花枝招展"是不正常的,是乡俗的。平淡的中间色才是属于生命的正常色调。到了近代,当日用品之色彩大多为人工着色时,就要考虑调和的重要性。当我们思考创造一个色彩环境时,极简的观念与平淡的观念就应成为思考的起点。

以衣着来说吧!

最早的衣服为植物纤维如麻、棉等织物的原色,那是粗糙的枯白色,勉强称为白色。古人最早发明染色,是使用植物煮成染料。从自然界取材,各种颜色都有,但其共同特点是灰黯。到今天仍然流行的是蓝染,可是已经自衣着转移到饰品上了。而把自然染织运用到生活中的现代化国家,恐怕只有热爱传统的日本人了。

当色彩的价值观在文明社会中抬头后,对在衣着上受到重视的原色的使用有很明显的分歧。其一是走象征路线的文化,以中国为代表;其二是走平淡路线的文化,以西方为代表。其实中国衣着文化到满清时期也受到异文化的影响,产生了变化,渐向平淡路线倾斜。对于西方与日本文化,最明显的特点是,越是在非常隆重的仪式中,越是使用简单的颜色,那就是黑色与白色。他们视黑、白为最尊贵的颜色,所以是礼服的颜色。中国新娘的衣服是红色,日本与西洋新娘的衣服是白色,两者都有象征的意味。中国新娘的红色代表的是喜庆与热闹。红衣本是禁止民间使用的,但婚礼则为例外,是经特许的。白色象征的是纯洁,代表新娘的贞操。但是红色与白色所象征的意义在本质上是不同的,前者是意指结婚这件事的性质,后者则指新娘的人格。黑与白是人造的颜色中性质最明确的,也是对比最强烈的,然而两者在一起却能产生调和感,甚至可以相融。

　　黑白是无色,也是原色,在日常生活中不容易保持其纯粹性,因此也是高贵的、贵族的,有相当的仪典性。它必须与清洁维持并行,市井小民做不到,因此不是适合于生活的常色,在衣着上尤其如此。黑白的代用品就是灰,灰色是黑白的调和,也是一切色彩调和的基础,因此兼有与世无争、包容一切的感觉。出家人喜用灰色是这个原因,古代的读书人喜穿灰色的袍子也是这个原因。

　　现代社会中色彩之运用非常广泛,但从事美术工作的专业人士通常着无色的衣装。建筑师与设计师大多喜用黑色,以别于一般大众,一方面为展现气质,同时代表他们对色彩无

蓝染的图例

偏见的立场。在设计师的心目中,黑、白是最高级的色彩,如果业主同意,他们会以无色为其服务。因此现代注重品味的服务环境,如咖啡馆与餐馆,大多以黑、白定调,包括家具与器物在内。

对比的色彩观

现代主义时期在精神上是无色无形的,人们崇尚无色的纯几何形体,但是他们也知道无形无色的世界是缺乏生命感的,因此当时有些设计师想到使用单纯的原色于白色背景之上,一方面不会为色彩所乱,同时也可保有原色的亮丽。这种精神最常反映在艺术家的作品中,最具有代表性的是荷兰人蒙德里安。

这位先生把画面用垂直、水平的黑线画成格子,以白色为背景,所以在构成上是黑线与白底的组合,在这样纯粹的背景之上,他会把其中的几个框框中填上特定的原色,使画面呈现活泼的气氛。他有本事把世上的万物都简化为几条线,然后使用原色,画龙点睛般地创造了特殊的美感。

这种抽象的美感是自真实世界的物象逐渐化约而形成。蒙德里安早年画风景时,即从观察自然的秩序出发,后来受立体派的影响,开始以线与面来简化自然,但仍然使用调和色为背景。五十岁以后他正式把物象化约为直线组合,使用多种原色;六十岁后即简化为一种原色,其余皆为白色与灰色。由之,对现代建筑与室内设计产生了深远的影响。尤其

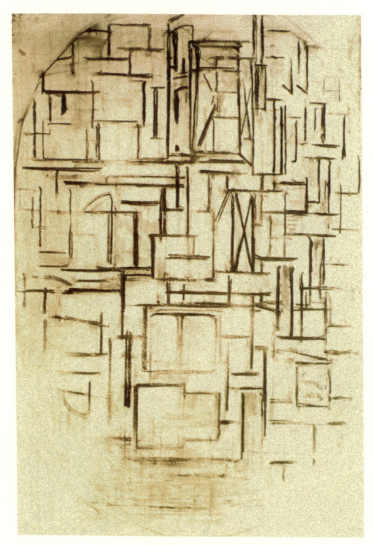

蒙德里安的作品

是室内设计,以白色为底的原色对比,与自然材质的调和色设计,形成两条主流,直到今日。大凡要求高品位、高格调的空间气氛者,常常采用此一对比的色彩计划,而不讲究色彩调和。

对比的色彩美以白色为底者是一种极端。事实上,很少有人可以在日常生活中接受这种刺激力过强的设计,而是要求比较柔和的色感。这时候,要退回到蒙氏中年的色彩观,即以调和色为背景,选择性地突出重点为原色。比较常见的例子是室内设计中使用灰调的中性色系,仅凸显其中一件器物,如一把椅子或鲜亮的沙发上的坐垫。少了这一对比色,室内有时太过舒服而令人生昏昏欲睡之感。对比色有强振精神的作用。

建筑界使用对比色的方法之一是在自然色或白色的背景中,选择一面墙壁使用原色。早年在住宅设计中,荷兰建筑师范·杜斯伯在基本为白色的建筑体上,把栏杆做成原色,此类设计至今仍使用在欧洲的集合住宅上。

色彩调和的要义

美好亮丽的色彩既为人之天性,一般人虽不宜沉醉在强烈色彩中,在生活中仍希望看到多样的色彩,因此在日常生活中,色彩的和谐是必要的,这也是在设计过程中有必要提出色彩计划的原因。

前文提到,调和色的要点是灰色背景。灰是一切原色的混合,所以可与各种原色相配合。各种原色调入灰色后,即有温和、协调之感。但不可否认的是,色彩有个人的偏好。色彩计划的意义,即在和谐的色感中呈现个人的喜好。这是一种颇细腻的计划需求。国人由于习惯于强烈的原色,在色彩的要求上敏感度低,故鲜有对色彩有特别要求者。在这方面,国人有从头学习的必要。

使用有个性的调和色通常要落实在两个条件上,其一是色系,也就是以原色之一为基础。有人喜欢红色,有人喜欢绿色,可以以自己所希望的原色为主色。调和色系中仍然以灰为调剂,但可透出各种以红为底色的色泽。其二是色调,可大致分为暖色调与冷色调。调色盘上有一半的颜色予人以温暖之感,一半予人以冷清之感,视个人的喜好与个性加以选择。每一种颜色都可带有暖调或冷调。在大自然中,阳光与火是暖调的根源,所以黄、红之间为暖色感的中心;天与水是冷调的根

多色调和的唐三彩盘

似红非红的清郎红瓶

源，所以蓝与白之间为冷色感的中心。喜欢温暖感的人在一切颜色中调入黄红色即可达到目的，同理，喜欢冷清感的人，要调入白蓝色。对于喜欢调色游戏的人，色彩世界是广大的，千变万化，有无限多的颜色。比如，想想看冷色调的红色是什么样子？所谓"冷艳"又怎样用色彩表现？

从自然色的平淡世界，到人工染色的花花世界，都可以找到美感，都可以有典雅的气质。如何善加利用，与我们自身的美感素养是直接相关的。恶色常常是万丑之源。

谈质感

古人以玉象征君子,因为玉质有温润的手感,而古人称赞君子有"即之也温"的话,有近人的意思。所以真正的君子,看上去是严肃的,可一旦接近,就有亲切之感。

自触觉到视觉的转移

在视觉美感中,质感是很重要的因素,与色彩并重,可是对大众而言比较陌生,说清楚要费些口舌,因此很少有类似的文章。让我且在本文中尝试给读者一个概念吧。

什么是质感?艺评家称之为肌理,是西文 texture 的翻译。我觉得质感要比肌理容易理解。在英文字典上,texture 被译为纹理或质地,也有字典译为结构,只看这些译名就知道是很难理解的了。这说明其概念在中国文化中是缺乏的。

这也难怪,质感本身就是一个复杂的概念。在视觉世界中,光线之明暗、色彩之变化、景物之静动,都直接诉诸眼睛之视觉功能。质感的变化也要诉之于视觉,却不是根源于视觉。质感的来源是触觉,是手指的神经接触物质的表面所得到的感觉。这种感觉是与眼睛不相干的,但是当我们使用手指触摸的时候,眼睛也同时看到这个动作,观察这个物质,因此产生联动的作用。为什么会这样呢?因为眼睛是高功能、全方位的器官,而触觉本身很难达到了解环境的目的。经由触觉得到的情报,传到大脑,与视觉得到的讯息相会合,才产生决策性的功能。因此触觉是一种经验,经由视觉向大脑注册,就变成视觉经验了。

粗细、软硬及温度是触觉得到的直接讯息。对于一件我们从来没见过的东西,第一个行动就是动手触摸。这是因为大脑希望我们增加新的经验记录。一旦熟悉了,我们便不想摸了,因为大脑可以间接地通过视觉来做出判断,也就是以眼代手

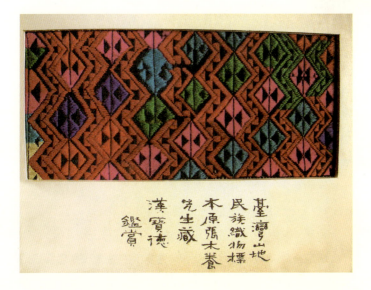

臺灣山地民族織物標本原張木養先生藏漢寶德鑑賞

　　了。这就是博物馆的展品都放在玻璃柜里的原因。博物馆展出的新奇之物，观众最想动手触摸，这也不能怪他们。近年来，展示理论主张尽量要观众动手，以增加趣味，提高学习效果，也是基于同一理由。

　　举一个认识织物的例子来说。

　　我们到店里看到一块料子，首先是被色感与花纹所吸引，几乎在同时，我们就想伸手去触摸。如果不让我们摸，交易是不可能达成的，因为手感必须配合我们的期待才成，而料子的手感与材料的本质有关。我们看绸缎，自然希望它细软，看毛料，则期待它细而挺、有弹性，这都是好料子的特点。但要看冬日外套的料子，手感的要求可能不同，可以软，但不能太细，才能适应气候。

"质感"这个词就是自伸手摸料子而来的。英文中 textile 指织物,就是使用纤维编织出来的料子,所以 texture 才意味着质地。这里面除了材料有别外,也有编织方式的分别。怎么去分辨编织方式呢?就使用"结构"这个词,意思是手感与纤维间连结在一起的组织方式是有关的。所以 texture 有内部结构的意思。由此可见,当我们提到某物的"质地"如何的时候,实在牵带着很多因素,都要经由我们的感觉体察出来。综合这例子所显示的意义,我画一个表在下面:

材料——纤维——结构……质地

软硬——粗细——凉暖……感觉

所谓自触觉转移到视觉是什么意思呢?就是自手感得到的经验,与眼睛所见之外表连在一起,因此自眼睛所看到的表面质地,不必动手就自然产生触觉的反应。

重质感而丧失对质感世界的认识

中国文化是重质感的文化,这是因为我们有意躲避视觉美感,以免堕落的缘故。古人有"非礼勿视,非礼勿听"之说,就是要避免为美之艳丽所惑。一般说来,触觉的美感是清淡的,不会造成情绪上的激动而影响行为。

质感之美的例子是中国的玉文化。古人以玉象征君子,因为玉质有温润的手感,而古人称赞君子有"即之也温"的话,有近人的意思。所以真正的君子,看上去是严肃的,可一旦接近,就有亲切之感。玉因此成为几千年来为中国人喜爱的材

玉：温润之感
（邓惠恩／摄）

料，玉的工艺及器物也具有高度的象征意义。

　　这种质感转为视觉后，是一种半透明、半反光，表面光滑、细致的材料。温，是热传导慢的手感。看在眼里是质地细密，色泽为暖色，与玻璃、水晶、玛瑙等是不相同的，甚至与后世所喜爱之翡翠也大不相同。很有趣的是，中国软玉即使是打磨得非常光亮，也颇温润近人，而硬玉等磨出的光泽，古物商人称之为贼光，这是高段的质感。

　　温润二字是很抽象的，但成为视觉价值判断的字眼，必须略加阐释。润是滋润的意思，是在干枯的田地里加水汽，使生气恢复，所以润有生命的感觉。不像水晶等只是晶莹的饰物，玉不但有生命，而且有善心与同情的观念。在手感上，因玉的表面组织坚韧而有孔，所以在触摸时可以吸收手上的温度与湿度，故在把玩时，"养"成为手的延伸，而无异物的感觉。

　　中国的玉文化与织物文化是相通的。自古以来，国人就喜欢绸缎,因为其表面光滑温润,而不计较其纹理。我们对麻衣的粗面视为粗劣,认为是穷人的衣料,直到后世自国外传来棉花,才有次于绸缎的织物,且棉花可细纺精织为士人可以接受的材料。这与西方的毛织文化是完全不同的。

毛织文化是重视觉的文化。毛料这种材料也有软硬、粗细、暖凉之分,但当其始是粗重的,因此在价值判断上,编织纹理的视觉效果远胜过手感,所以西人到今天都以织物 fabric 这个词来称呼料子。可知好的料子,其重点在织的方式上,也就是重在结构,而织物的结构美,在于因编织设计之不同而呈现的花纹。

中国文化的末流是因重手感的滑润而流于视感的光洁,失掉了视感辨别的能力,反而因重质感而丧失了对质感世界的认

玉器之温润

陶：粗陶的质朴的美感
（邓惠恩／摄）

识。由于太重视光滑而过度地使用漆，在一切器物，尤其是木器上用漆，其结果是丰富的木质世界就被划一为光滑的漆面。中国建筑原是木造的结构，可是因为漆的广泛利用而失掉了木材的素朴美。木材因其类别有不同的纹理与质地，变化多端，饶有趣味，但都被排斥在中国文化之外。在传统中国的价值判断中，凡不光滑的就不是好东西，因此屋顶上的瓦也要上釉才好，砖瓦的陶质之美也只有在民间建筑上寻找了。

中国的手感文化最成功的一环是瓷器。由于我们自古以来"光滑至上"的价值观，从周代就尝试给陶器表面上釉，发展到南北朝就有了近瓷的陶器，但直到宋代才真正成熟。瓷器有

材质的美感：金门民宅的土、石壁

光滑的表面，比较厚实的胎体近乎玉质，一方面它有光洁的表面，同时也有温润的手感。宋汝、官窑的青瓷，事实上可算青玉的化身。

　　瓷器自元代青花出现，带进西方影响后，渐渐变成视觉文化的一部分，讲究彩色、绘艺。所以当清代初年，瓷器出口到欧亚各国王廷的时候，已经完全视觉化了。可是真正引发西方上层社会趣味的，还是制瓷技术所创造出的光滑无疵的表面。欧洲放弃了陶器的美感，向中国瓷投降了。直到现代，人们才认识到对质感的价值观与社会阶级有关。大体说来，以富庶的上层社会主导的品味是喜欢光滑亮丽的，因为这是用大量人力物力才能达到的情况。平民社会的品味偏重于素朴与自然，因为这是在有限的资源中所能做到的。现代人追本溯源，才使质感之美回归人性。西方文化渊源之中世纪,没有极权帝国存在的封建社会,也许是视觉的、素朴的质感文化的来源吧!

地板人行道的质感

怎么用质地来选择材料呢?最具体的例子可能是地板。地板是最接近我们的面材,因为台湾的文化受日本占领期的影响,是脱鞋进屋的。这原是中国古习,但自唐代后就被放弃了。在北方的民间,地面是夯土,大家穿鞋进来,坐在椅、凳上,与地面没有直接接触。日本是最重视地面的民族,他们睡在地面上,因此整座屋子都可以是床,至于地面铺的榻榻米,就是古中国的席。席是与全身都接触的材料,因此要考虑其织理的触感与视感,而且要非常清洁。

台湾的闽南传统是穿鞋进屋,室内铺的是红方砖。受日本影响的中产阶级,就算无缘或无意住日式房子,也学着脱鞋进屋以维持室内清洁。脱了鞋,脚已经接触到面材了。在几年前,大家只想到清洁而悦目,所以使用光滑的大理石或大瓷砖铺地,脚底下冰凉且易滑。过了一阵子,有建筑商把木地板引进,当面板贴铺,脚感较温暖舒服。开始时用来自南洋的柚木,坚硬而色暗,学洋人欣赏木质纹理,然而不免阴郁之感。更进一步,进口北美的桦木,色调明亮,木纹清晰美观,为大家所爱用。

美国的中产之家,甚至办公室中,大多在地面铺毛毯,即使穿鞋也可感到轻软、温暖,是视觉与触觉交互作用的佳例。

欧洲中世纪古城杜宾根之石钉路面
（Vera／提供）

毛毯还有吸音的作用，可保持室内安静。地毯是上层社会住宅中凸显质感的核心物件之一，他们在地上铺的是设计高雅、价格昂贵的波斯地毯。一般人使用的是机制地毯，只供改变室内质感之用。

在西方社会中，街上的人行步道也很重视质感，只是他们使用素朴、自然的材料，使人走在上面并无所觉。其实混凝土的地面只要施工认真，表面均匀平整，不积水，不藏污，就有良好的质感，走在上面令人舒畅。在重视感性的小镇，人行道常用红砖砌成，不是用薄砖片。由于砌工认真，砖面平整，予人以亲切舒服的感觉。欧洲的老城在19世纪水泥与沥青未发明前，马路面是用石钉砌成的。石钉是我发明的名称，因为每个石块不过10厘米见方，但长约一尺，下面其尖如钉，打在土里夯实，可以经久不坏。石为粗面，又拼成弧状波纹，使得有些古老的马路质感令人怀念不已。其实沥青路面若做得好，也有很好的质感。

与西方城市相较，台湾的人行步道就不堪入目了。我住在台北市的仁爱路，称得上是台湾的首善之区，竟没有一段可以赏心悦目的人行道。基本的问题是我们的文化背景不相信人行道应该有踏实而素朴的地面，而向光洁美观的表面性去想。市政府的设计师总向图案设计动脑筋，要有色彩的变化，否则怕市民不满意，因此地面上只能铺些薄片。可是面砖的特色就是容易脱落，何况我们向来缺少认真施工的人，即使你喜欢这些图案，没有多久，在机车也加入使用的情形下，面砖就开始破碎或脱落。市政府为了补救，修补的次数加多，人行道遂成为最杂乱的道路的一部分了。且看人行道简直成为各种面砖的陈列场地,尤其是在骑楼的下面,每栋建筑自行负责地面砌铺,难以使人相信地简直乱成百衲衣一样。

质感是一种语言

质感视觉化以后,在造型的组织成效上是举足轻重的。因为质感反映了材质,会与结构的理性发生关联。很多年前我初到佛罗伦萨参观文艺复兴的重要史迹,发现那些三层的宫殿外观大多由每层不同的质感组成。它们的结构逻辑是地面层的石块质感最粗,似强而有力地承担着上部重量,越向上石面越细,这也是理所当然的。后来我才知道,这些宫殿实际上不是大石块砌成的,这些外观的质感变化只是在砖石墙的外面用灰泥粉成的外妆。我免不了失望,但是也因此认识了质感在视觉美感上代表的意义:它是一种语言,是可以欺骗我们的感觉的。

构成之美

主从关系是构成美感很重要的手法之一,其目的是避免我们的视觉失掉焦点,使我们不会感到惶惑不安。

关系排得好，就是美的组合

在感官世界中，很少有单一元素的物件。在一个物件中只要有两个部分，就有如何组织的问题出现。只要物件涉及组织，就有组织适当与否的问题，而且是美感中最基本的问题。

举例说，在我们的眼前有一个单纯的瓷盘子，我们会对它做出美感的判断。当盘子上多了一只苹果时，我们会立刻放弃对盘子本身所下的判断，转而对果盘做统合的判断。因此，一只苹果放在盘子上的位置、苹果的大小与色彩的浓淡，都会影响我们的美感判断。为了招待贵客，我们会在桌子上摆一个好看的果盘，一只苹果不好看，往往都多放几种水果。如果是一位有品位的家庭主妇，就会用几种水果安排出美的组合。果盘的水果不是吃的，是看的。要吃，另外会送上，是削了皮、切成块的水果。

果盘向来是西方上流社会的富贵装饰，所以有些艺术家就把它当成绘画的题材，19世纪古典主义的绘画中可以时常看到美丽的果盘。我有一位画家朋友顾重光，多年不见，可是常见到他的画，他画的一直都是水果，至今依旧。我的老师郭柏川先生也喜画果盘，他常说青菜水果最有用，可以画，画完后可以吃。而果盘画的诀窍在哪里呢？就在怎么安排这些水果与盘子的关系上。关系安排得好，就是美的组合，可以入画。所以绘画的题材到处都是，全看你如何安排这些东西到画面上，这套组织的办法就是"构成"，用在画面上，通常称为构图。这是生活美感的重要因素。

主从关系的美感手法

构成之美自对称开始。人类的眼睛有两只,水平排列,所以要想看上去舒服,最自然的安排是对称。在传统观念中,物件多半成双,对称是当然的。在中国建筑中讲究一个中轴线,中间是正厅,左右对称安排的是护龙,也就是两厢。记得郭柏川先生带我们去台南孔庙写生时,总是在大殿前面的院落,在中轴线上画,就是尊重对称美感的意思。郭先生最著名的一幅画就是自煤山画对称的北京故宫。

对称之美是世界各民族所共同尊重的。西洋人的宫殿自古希腊以来都是对称的,除了极少的例外,历代都是如此,如中古的教堂、文艺复兴的豪宅,直到近代的平民住宅与公共建筑,几乎千篇一律的对称。到了现代,人们开始厌倦了对称的单调,想求些变化与新奇之美,要怎么变呢?如果我们不求对称,就要寻找一个新的构成原则。

这个原则就是平衡。对称是绝对平衡。抛开大自然造物必然的对称,我们才发现自己所要的并不一定是对称,只要平衡就可以了,所以平衡体现的是人文价值。在我们眼前的东西,只要呈现平衡感,就合乎美感原则。再以前文所举果盘为例,如果在一个盘子的中间放一只水果,这是单调的对称;如果放两只几乎相同的水果,是简单的对称;如果放三只水果,一只较大的在中间,两只相同的在左右,同样是对称,可称为对称的组合。

如果放了两只水果,一只是梨子,一只是苹果,问题就复杂了。

你要怎么安排这两只水果呢?若一起放在中央,梨子色淡黄较细高,苹果色红较偏圆,就产生不协调的感觉了。不协调就不可能有美感,这可能是永远无法解决的问题。

如果你很幸运地拿到的是同样大小、同样形状的梨与苹果,只要放在一起就会产生有变化的美感。否则的话,你只好期望一只大苹果、一只小梨子,因为它们不太可能有协调的关系,你只好设法使较大的一只做主角,较小的一只做配角,通过主从分明来解决问题。主从关系是构成美感很重要的手法之一,其目的是避免我们的视觉失掉焦点,使我们不会感到惶惑不安。紊乱是美感的敌人,组织的目的是使多数元素形成一个体系,建立视觉秩序。

可是,要使圆中带方的苹果与近似葫芦形的梨子产生主从关系也很不容易。研究的结果发现,很可能必须得把梨子放倒,以减少两者形式上的差异,强调两者的共同点,然后才有母亲带领孩子一样的主从关系出现。画家们最喜欢画的果盘是盘子中堆满了各式水果,盘子外散落着少数水果,这样的主从关系如安排得宜,会产生富于变化的平衡感。

"秤"式组合与画面均衡

在元素很多的画面上,主从关系可能还无法构成平衡的组织,这时候,基本的"秤"式组合就用得上了。秤有一秤杆,平衡的中心点(又称支点)偏在一边,其短边悬秤砣,被称量

范宽《溪山行旅图》（台北故宫博物院藏）

重量的物件通常在长边的端点，利用杠杆原理得到平衡。这样的组合重点在于支点的位置。表面上看是一边重，一边轻，但看在我们眼里却因为重量乘距离造成的结果而得到平衡的感觉。

用绘画做例子最容易说明均衡的构成。中国古画以宋代范宽的《溪山行旅图》最为有名，这幅画的构图就是中央对称式平衡。一块大石壁稳稳地占据了画面中央大面积的位置，有磅礴之气。山下的人物与配景是无足轻重的配角，主从分明。自唐末到北宋时代的画大多采取这种朴实敦厚的构图。有名的郭熙的《早春图》，虽然石头的分量很轻，但仍是以中轴构成为原则的。这是时代精神，也是地域风格，后来冒名的作品大多不符合这种精神。

到南宋之后，画家开始放弃中央平衡，改选偏在一边的动态平衡。用在山水画上，有人附会，认系象征偏安之局，其实是与南方山川灵秀之气有关，故盛行留白。这种把主题放在一边的构图通常会在留白的一面最远处，画上一只船或一座山峰，用以平衡画面。这种画法是后代颇流行的，而南宋的马远、夏珪是始创者。

室内墙面构成

在日常生活中，我们无时无刻不与构成的课题相遇，在客厅的墙壁上挂一幅画，就是构成的开始。墙壁的大小与颜色，画的长宽、大小，都是一些要考虑的因素。在我的书房里，书桌对面的墙壁为白色，近方形，它的左侧是一个嵌在墙内、高至天花板的窄书架，而我要挂的是秦孝仪先生为我写的一副对联。这要怎么挂呢？

对联原应挂在门的两边，可是我家没有适当的位置。要挂在墙面上，须要有一张中堂。所谓"中堂"是放在正中间的一幅大画或书法，我虽有不少可以做中堂的收藏，但书房的墙壁作对称的布置是不适当的。我考虑了一下，决定把对联成对放在一起，当成一幅字。因为中国书法对联是长条形的，我就把它视为墙面组合构成的主轴线。由于墙面是由深色的书架与白壁组成，主轴线应放在靠近书架一边，以求平衡。我照这样的安排挂起来，右边就留了大片的白色，再靠右侧放一只古董高几，上面摆一件唐土器武士俑，构图就更平衡些了。

其实我这面墙上是不适合挂书法对联的，最好是挂中国书法的横批，能有通宽的长度最为适宜，加画框后可以与书架构成横直相称的组合。如果是一幅油画也好些，挂在近乎中央的位置，亦可与书架相配。可惜我没有西画的收藏。后来我用自己的书法来取代对联，采方形，在书法的造诣上我远不如孝公，但对墙面构图却适当得多了。

以室内构成来说，当然以简单为妙。东西越少，类别越少，室内越容易美化。所以大建筑师莱特先生从来不在建筑中挂画，他认为绘画会破坏建筑空间。他在室内使用自然的建筑材料如砖、石、木等已经形成完美的组合，所以墙上没有绘画的位置。现代建筑师大多喜用白墙壁，虽有挂画的预期，但仍然以一个房间一幅画为原则。在一个大白壁上放一幅，只要便于观赏就可以了。

其实美国的中产家庭也有东西过多的问题。他们的画不多,但喜欢都挂出来。他们以家庭为生活重心,集了很多父母的画像、放大的照片,大多希望挂出来。他们的住宅虽比我们的大些,但仍不免产生堆砌的感觉,有些人家走廊上与画廊一样,甚至比画廊还复杂。要使家里保持高尚的品位是很困难的,但是在一面墙上挂满自己的照片而不显紊乱却是必要的。

构图的学问最深的还是绘画。在一幅画里有很多元素,怎么组织这些元素以产生美感与动态,常常潜在艺术家胸中。一个有能力的欣赏者也会以自己的观念找出其构成的原则。现代画评家每用构图分析来帮我们了解画作的意义,特别是现代画常常没有形象,或虽有形象却超乎一般常识,没有分析构图的能力是不易理解的。

这就是说,越是现代的作品越需要通过绘画背后的组合架构来了解其意义。构图就是抽象的内涵。不只是美感,连画要呈现的感情也要用构图来表现。梵高是第一代的现代画家,他的画有形象,但在构成上夸张透视线,造成遥远的感觉,使人在情绪上生疏离之感。毕加索的作品中,组织架构的重要性占的比例更多。在他早期的作品中,《亚维农的姑娘》使用垂直线构成,使姑娘们像一根根的柱子,呈现冷漠感。后期作品喜欢动感,有名的《格尔尼卡》其中多使用斜线,代表悲伤与愤怒,中央部分则是金字塔式构成。

后现代感性挂帅

在我们眼见的世界里,建筑的造型仍然是构成美感呈现最

毕加索《格尔尼卡》的动感呈现

多的例子。现代建筑时期，造型的构成与结构的构成相吻合是一个通则，所以美感与理性是完全一致的。这种情形虽甚理想，但很容易使大众注意到其理性的一面，而忽略其感性的一面，所以大众很少欣赏建筑的美，或为建筑的美所感动。这是文明社会中很可惜的精神损失。

后现代时期，其特点主要是反对在造型上坚持理性的精神，要求感性挂帅。感性是多元而无边际的，所以我们对当代建筑的感觉是迷惑的。在当代许多派别中，没有完全脱离理性的，那就是动态构成派了。

在我窗子的对面新建了一栋大厦，使用流行的面砖外观。每层呈现出三个窗子，一是落地窗，二是横宽的大窗，三是一窄条长窗。从经验上判断，第一是客厅或餐厅，第二是卧室，第三是洗手间，到此是理性的。为什么卧室的部分与梁面在同一平面上,其他两窗要退后呢?这是要用层次来达到构成的变化,消除三种窗子完全不同型的混乱。这样还不够,落地窗外有柱深的空间可以放盆栽,于是楼板外安装了一道流行的H形钢梁,焊接轻快的钢栏杆,形成阳台的意味。为了强化三个窗子所形成的墙面的统一感,设计者把阳台的栏杆与钢梁加以伸展,因此成为没有阳台的栏杆。这是非常不近情理的装饰性做法,目的只是为了"构成"。在今天强调感性的社会里,这是可以理解的。

住宅大厦由居住单位组成,其内部本来就是客厅、卧室、浴厕的组合。客厅需要大玻璃窗及可以出去透透气的阳台,卧室则窗帘高挂也是理之当然。按照这种理性的需要可以设计出优美的构成,牺牲这种便利也可以有优美的构成。在我家的对面另有一栋大厦,喜欢古典的简单构成,在一个墙面上排列着整齐的窗子,使你看不出哪里是客厅,哪里是卧房。可是这一切都需要有对构成之美有素养的社会大众才有意义。

我们的大众会为此驻足吗?

窗外所见之图例

辑二

[器物篇]
梅瓶与玉壶春

　　玉壶春是一种酒器，它的产生与造型都与方便持握有关，早期的作品颈子较长就是这个原因。由于持瓶时手掌心须紧握瓶颈与肩部，而凸出的线条则有伤害手掌的可能。所以，质感是一种由理性所引申的美感。

在中国的陶瓷史上,到宋代陶瓷技术成熟之后,出现了两种在造型上非常突出而具有时代性的器物,一为梅瓶,二为玉壶春。梅瓶的形状在宋、金、元代有各种变化,到明代定型,一直到清初还可以见到。梅瓶早期是酒壶,到后期饮酒的习惯改变,因其形状悦目,后代则用为摆设。"梅"瓶之名不知起自何时,顾名思义应该是作为花器之后才有的,这表示它已经以形状之美为人称道了。玉壶春的名字很美,但也是酒器,而且自宋代开始直到民国,一直都是酒器,只是在早年它是一种比较大型的酒器,后来则形制缩小,小到只有 10 厘米不到的情形。我记得在我幼年的老家,这种形状的酒壶还流传着,最小的有所谓四两壶。可是因为它形状也很悦目,在明清之际就被用作摆设了,是否曾用为花器尚不知,但也不能排除其可能性。

说到这里,还没有提到它们究竟是什么形状。这对了解中国古器物的人是不必细说的,一般读者可能颇为陌生,所以我应在此先加以描述,并配图说明。

小口瓶瓷器,器身的 S 曲线轮廓

梅瓶与玉壶春在瓷器中都是小口瓶,口小底大。它们的共同特色是器身的轮廓线为 S 曲线,这一点看上去似无了不起之处,但在宋代之前都是没有的。

小口器都称瓶或壶,在隋唐之前,壶都是盘口,口比较大,下面是大肚子。盘口大约是为了装水进去较方便。在南北朝,有一种鸡口壶,也是盘口,但口已很小。这说明古人做水

器，原是开口，慢慢把口缩小，是因为考虑装水之利便，直到宋代才完全成熟。早年的小口壶是一个圆腹上加一个盘口细颈，颈与腹慢慢融为一体，上为盘口。到了宋代，盘口变为侈口，逐渐把盘口、细颈、圆腹融成一个 S 形轮廓。这就是后世的玉壶春的来源，成为一些鉴赏家眼中中国瓷器最美的形式。

具古典美的金代白瓷

玉壶春形式的成熟在金代，也就是南宋的北方，以白瓷呈现。北宋时的作品颈子偏高，轮廓线尚未达到流畅的境界。为了比较方便，我借用鸿禧美术馆的几件收藏品作为例子为读者说明。第一组照片为：一、金白釉玉壶春瓶，二、金黑釉刻花牡丹纹玉壶春瓶，三、元釉里红玉壶春瓶。读者们比较这三只瓶子，觉得哪一个比较顺眼呢？

金・白釉玉壶春瓶
（鸿禧美术馆／提供）

金・黑釉刻花牡丹纹玉壶春瓶
（鸿禧美术馆／提供）

元・釉里红玉壶春瓶
（鸿禧美术馆／提供）

形状与装饰配合良好的玉壶春瓶
（鸿禧美术馆／提供）

要养成先看形状的习惯。第二、第三两件器物，表面都有花纹，但花纹对美感有时加分，有时减分，可在对形式有了判断后再讨论。有些收藏家只重视花纹是不正确的。

我的观点是，第一只最好，其次是第三只。为什么呢？因为这两只的 S 形轮廓线比较流畅。要认识轮廓之美必须自几何的组成看。玉壶春的形状是由三个圆形组成的，一个是形成腹部的圆，在下面，另两个圆则在壶身上部两侧（图一），两个圆的四分之一形成玉壶春的颈部。图一是用金代的白瓷瓶做例子，可以看出成熟期的 S 曲线，上面的圆与下面的圆中间有一段距离，所以颈子高高地挺在肩上。三个圆心呈等边三角形的三个顶点排列着。

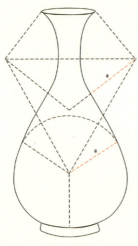

图一：具古典美感的金代玉壶春几何分析。腹部圆弧半径与颈线半径相当

如果用同样的方法看第二只，它的剔花也许比较吸引人的目光，但腹部无法成圆，颈子太长，肩部下滑太急，比较起来，在轮廓上不如第一只悦目。用同法看第三只，颈子与腹部比较又太粗了些，虽然曲线流畅优美，但整体看来显得不够稳重、大方。

至于瓶上的花纹所形成的影响为何呢？我的看法是第二只的花纹是负面的。这是自黑釉上刻出的牡丹花纹，如只看花样，图案的设计很严整而生动，黑白相衬的趣味也不错,但这个图案的"开光"没有对称,从而破坏了腹部外轮廓线对称的外观的完整性,实在可惜。所以这装饰也许可以讨一些观众的欢心,在美感上却是负面的。至于第三只,釉里红图案虽对器形之美没有太大影响,但因烧制技术不成熟,红色有晕染的现象,也对美感产生干扰作用。但是比较起来,第二只的装饰特别抢眼,其破坏性较大,何况第二只的刻花所形成的质感也不合玉壶春的性格。所以在美感上,第二只不如第三只。

在这里我要说明为什么质感在此如此重要。这是因为玉壶春是一种酒器,它的产生与造型都与方便持握有关,早期的作品颈子较长就是这个原因。由于持瓶时手掌必须紧握瓶颈与肩部,而凸出的线条则有伤害手掌的可能。所以,质感是一种由理性所引申的美感。

近代的玉壶春式酒器缩小后,手持的部位不再以颈子为主,而直接握其腹部,所以颈子逐渐缩短,瓶身在比例上显得粗壮。自几何的构成上看,肩部消失了(图二),整体轮廓显得更为流畅,只是形成颈子的两个圆半径慢慢缩小,形成腹部的那个圆分解为两个圆。可以看得出来,早年的玉壶春是用手掌握瓶颈,近代的玉壶春则是以手指持瓶颈了。

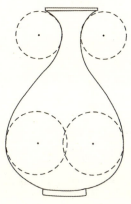

图二:玉壶春瓶后期,颈子弧线的半径减小,已不能用手掌把握

从几何构成分析两者

到此,我再增加一个例子,以几何构成来分析玉壶春的美感,供真正有兴趣的朋友们参考。前面我们所提的金代白瓷的例子,它的古典美质我们已经说过了,由于其腹部圆形的半径大体上与两翼颈侧的圆弧半径相当,三个圆心构成的等边三角形与相同的半径,使此瓶的造型呈现古典的和谐美感。我要增加的例子是历史博物馆新近收藏的一只宋磁州窑玉壶春(图三),其外形也是很好看的,腹部也呈圆形,其圆心与颈部两侧的圆弧之圆心亦呈正三角关系,可是上面的圆之半径大过腹部圆之半径,因此颈子显得偏高偏大,有过分夸张上部的感觉。

玉壶春就谈到这里,梅瓶又如何呢?

梅瓶这种酒器虽也是成型于宋代,但类似的器物也早在隋

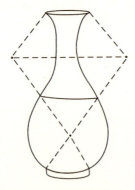

图三:此玉壶春的腹部圆心与颈部两圆心,亦呈倒三角形,但颈部圆弧半径大于腹部,上部夸张

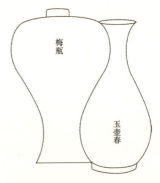

图四:元代玉壶春的曲线轮廓为抛物线,如将右边轮廓重复于左,即可形成梅瓶的轮廓

朝时就出现了,与玉壶春同样是来自所谓盘口瓶。两者的分别是,玉壶春的腹部在下面,梅瓶的腹部在上面,可视为胸,下面则渐收缩为平底,可视为腰。所以发展到后来,就失掉了颈子,小口直接开在腹部的上面。因此梅瓶的S轮廓线是由突出的腹部与下部的收缩线所形成的。

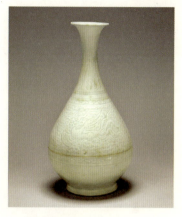

元·影青刻花瑞兽纹玉壶春瓶
(鸿禧美术馆／提供)

很有趣的是,玉壶春的S曲线与梅瓶的S曲线恰恰是互相颠倒的。作为酒器,很难想象梅瓶如何捧持。以常识判断,应该是双手捧着才是,单手拿是不可能的。在古代的北方,虬髯大汉抱酒狂饮时,是用臂圈持,其酒瓶应该是梅瓶。可是有些文雅的收藏家却认为,北宋细腰广肩的梅瓶有婀娜女郎之美。诚然,北宋早期的梅瓶胸下收敛极细,有不稳定之感,这样去发挥想象力也未尝不可。

图四是一个元代釉里红玉壶春的轮廓。它的曲线由多点圆心所形成,很像后世的抛物线,并没有古典的美感,但线条流畅,应该是日用的造型,为民间流传的器物。这图的左边有一条曲线,是该瓶右边轮廓的影线,读者如果假想这条线与该瓶左边轮廓线合为一器,就是宋元时期的梅瓶的轮廓。如果我们

如何培养美感
梅瓶与玉壶春

元·青花牡丹纹梅瓶
（鸿禧美术馆／提供）

接受玉壶春为中国瓷器中最美的器形，那就不能不承认梅瓶同样是美丽的器形。至于它表现的是女性美还是男性美，就看观众的个人评断了。

有一点是不容否认的，梅瓶，由于肩部宽大，造型要大方些，所以在后期的发展中受到官方的喜爱，因此后期的各阶段，包括青花、五彩、斗彩、珐琅彩、各种单彩，都有很好的梅瓶作品。因为梅瓶是很理想的装饰造型，很快就脱离了酒器的身份，跳到案头当受宠爱的装饰器物了。反过来说，玉壶春美则美矣，却不登大雅之堂，只能以缩小的身形，逗留在小酒肆里。

这于梅瓶是一种幸运吧。可是由于这种转变，它的造型也出现了变化。梅瓶到南宋与金代已经渐趋成熟。早期梅瓶之一类为近桶形，轮廓为C字，另一类则为宽胸细下身的S形轮廓。到了此时，两者有融合的趋势，逐渐形成完美的梅瓶造型。

中国的梅瓶到明永乐、宣德时期达到一个新的阶段,它的装饰性很高,实用性减低,造型与饰纹都很考究,与宋元瓷器比较起来,明代梅瓶的足部要稳重些,上部曲线不再是简单的圆形,而是多圆心弧线连接而成,开启了后世梅瓶造型的特色。

清雍正瓷的完美造型

瓷器最考究的时代是清代的雍正时期,梅瓶的造型到此也进入精美的阶段。这里看到的是一只白地青红二色花果饰的梅瓶,与明代宣德器比起来,更重视轮廓线的流畅与器面质的完美无瑕,其精致度达最高的水准。

单色釉的器形之美特别重要,清代的单色釉梅瓶因制作的年代与匠师不同,在比例与轮廓上美感的素质差异很大。一般

清雍正·花果饰梅瓶
(私人收藏)

清乾隆·霁蓝梅瓶
(鸿禧美术馆／提供)

说来，以雍正、乾隆时的作品之素质较高。鸿禧美术馆藏有一霁蓝釉梅瓶，具有清代特色：宽肩，自口到足曲线流畅可爱，釉质光洁细致，比例约 1：1.5，线条之美展露无遗。

乾隆时期，彩瓷进入繁饰阶段，对美感反而忽略了，因此使中国后期的审美能力普遍低落，沦为庸俗而不自知。最后一个例子是私人收藏家所藏的乾隆珐琅彩梅瓶，日人称为"夹彩唐草纹"。这件东西肩平宽，足为肩宽之一半，但装饰花纹非常细腻，足以吸引观众的目光，所以华丽、艳俗为美，逐渐形成传统。这种高价的古物已成为市场上被追逐的东西，对于好美的人则是没有必要的。

南宋的影青梅瓶，上有印花，是梅瓶形式的开拓者。鸿禧

珐琅彩梅瓶
（私人收藏）

南宋·影青刻花如意纹带盖梅瓶
（鸿禧美术馆／提供）

元·青花四君子梅瓶

美术馆有一件 C 渐发展为 S 的藏品，在轮廓上有稳重的感觉，亦可看出轻微的曲线转向。

  南宋影青大多有印花装饰，由于影青的釉质浑厚，并不会损害到触感。影青又称青白瓷，单色、光面、略带青色，色感是很美观的。印花很浅，上釉后只隐约可见，所以并不影响器物的外形。但在此阶段，各种形式的梅瓶都有，显然梅瓶的造型还没有达成定论。

  到了元代，这个问题就解决了，梅瓶就是胸宽底窄的 S 形酒瓶。南宋与金代发展出的美观轮廓，在稳定感与飘逸感上达成了均衡，开始长成为最美的瓷器造型，其轮廓线恰恰是与玉壶春互补的。宋元的梅瓶，其胸部是由一圆形桶形成的，肩并不明显，体形较瘦高。宋金以白瓷为主，元代则以青花为主，而且在装饰上发展出固定的模式。此处举一个例子，从图中瓶身可以看出主题为松竹梅的绘画，肩与足各为图案。整体看来，比例良好，装饰与器形的配合很恰当，与后世的梅瓶比较起来要轻灵得多。

　　同样的，我也使用几何构成分析两件梅瓶供读者参考。第一件是前文提到的南宋青白瓷梅瓶，古典的梅瓶上部是一个圆形，下部是两个小于四分之一的圆弧。下面的两个圆心与中央圆心呈近六十度的三角形，稳定感就是这样产生的。到明代以后，上部已分为两个圆，以前述的雍正瓶为例，两个圆心中间的距离约略相当于瓶口的宽度，因此有潜在的秩序感。这样的秩序到乾隆之后就消失了。

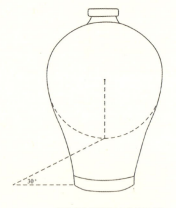 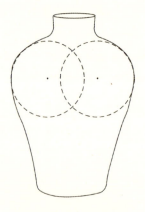

南宋青白瓷梅瓶之几何分析　　　　清雍正时期梅瓶之几何分析

[器物篇]
茶杯与茶壶

宜兴茶壶的重要特色是上手。表面要细而润，壶之流与把、盖等都要与壶身结为有机之整体，使在上手摩挲时不会感到棘、绊。近年来宜兴出现一些现代制壶家被台商炒得高价的作品，大多以造型奇特制胜，并不合乎美感原则。

重拾饮食文化

在中国人的生活器物中，与我们接触最频繁的可能要算是茶杯与茶壶了，也就是饮茶之器。由于饮茶是休闲生活的一部分，所以茶之器必须考虑美感，以强化茶的精神价值。可是这件在文化生活中美好的事情，自从成熟于唐朝以来，历经变化到了民国，已经沦为解渴之道了，茶与器都不再考究。饮茶文化与其他文化现象一样，均已流俗化，排除于文人雅士的精神生活之外，甚至陆羽的《茶经》还不得不自日本找回来。如果没有考古发掘发现的古茶器，今人对当年饮茶文化就一无所知，只有学日本茶道了。

近年来，中国茶艺有复兴的迹象，是从台湾开始，除了经济与文化条件的影响外，不能不承认也受到了日本文化的刺激。从今天逐渐普及大陆的台湾式茶艺中，仍然可以看出一些日本风的影响。当然，我们的民族性是不可能把茶艺当带有宗教严肃性的茶道来看的。

烹茶所需的器物甚多，都很讲究，但以茶杯为最重要。这是当然的，茶杯在饮茶时是绝不可少之工具，而且是与饮茶者接触最直接的器物。明清以来，烹茶、饮的步骤是先把水煮沸，此时使用的器物可能是锅或罐，也可能是壶。水沸后，倒入置有茶叶的茶壶中，经过"泡"的过程，再倒入茶杯中饮用。所以北方把整个饮茶过程称为泡茶，而茶壶与茶杯分别为第二与第三阶段的器物。

唐宋的饮茶两步骤到日本的建盏文化

可是,唐宋时期的饮茶只有两个步骤。在炉上煮水时,茶叶已经在水里,所以称为煎茶。煮好后直接倒在杯中或碗中饮用,或将茶末放在碗里,冲水饮用,所以只有茶杯或茶碗。若不是日本人在宋代传承了饮茶文化,把建盏带到日本,流传至今,奉为国宝,中国人可能会分不清那是茶碗还是饭碗呢!因此宋代以前有没有茶壶也颇有争议。日本茶道使用铁壶煮水是第一步骤,铁壶造型虽很考究,但并不是茶"艺"中的器物。

谈茶盏,就自建盏的美谈起吧!日本人称天目碗,台湾也跟着叫,只因为那是当年日本僧人在天目山得到的。天目碗是福建建窑烧出的黑釉茶器,它的造型与大小完全合乎双手捧持,釉质很厚,一方面有隔热效能,一方面使外观有凝重温润之美。侧面的轮廓倾向于折线,口沿垂直,便于饮用。黑地的

宋·吉州窑玳瑁纹茶碗

表面呈现各种结晶，以丝丝状的兔毫为多，最名贵的是油滴。日本国宝级的天目碗多为油滴。所以建盏之美以黑釉结晶为主，形式亲切为辅。当时的斗茶是把茶饼碾成粉末放在碗里，沏以开水，据说会有白沫浮起来。

与建盏接近的是江西的吉州器，形状与建州器类似，色暗而偏赭，特色是上面有玳瑁花纹，也有一些是剪花的装饰，是以装饰表面的烧制为美的器物。比较美的器形是侈口器，器形呈四十五度展开。

建盏与吉州盏已明确知道为茶用的碗，自此而后就十分清楚，自此而前就不太明白，也就是在学术上分不清茶碗还是酒杯，甚至饭碗。在我看来，饭碗与酒碗是分不开的，应该比较浅些，而器形较高的应该是茶碗。在这里我介绍两件我认为是茶杯的唐宋器物。

唐人的简洁美

第一件是唐初的白瓷杯。我认为这是唐人简洁美的典范，也是瓷杯的原型。生活器物之美要自功能开始，合乎功能是第一要义。杯子是最接近生活的器物，所以便于使用是美的基础。这只唐白瓷杯，外形非常优雅，有使你想捧持的感觉。你看不出它有何诱人之处，也没有任何特点，它给你的感觉只是"恰当"二字，比例上不太高、不太宽；底与开口之比也恰恰好，既稳定又轻巧。侧面的线条似曲又直，柔而不弱，刚而不强，也是恰到好处。杯身为白瓷，但瓷色温润，白而暖，无贼光。它的美正是所谓的古典美，匀称和谐，处处恰到好处而已。

唐初白瓷杯

宋代民间流行黑瓷

到了宋朝，民间流行黑瓷，除了南方的建窑、吉州窑外，北方也产黑瓷杯，其中有一种形如郁金香的敛口杯，其高、宽之比几乎与前述的唐杯完全相同，所以也有使你想捧持的感觉。同样的，除了敛口之外，杯子没有任何可以特别称道之处，身上没有任何花纹点缀，它只是予人以恰当的感觉。它的线条是优雅的，也是丰满的。由于是黑色，本身就有稳重感。它的体形重心在下部三分之一处，增加了稳重感。为了平衡过分凝重的形式，它的表面是光亮的。因为烧结温度高，在黑釉的表面有细小的结晶点。在收口处之边缘非常精细、明快。

中国人在唐之前不是用杯子的民族，而是习于用碗。自周末战国到六朝，传至今天的杯子以玉器为多，应该不是生活用器，也许是礼器吧！在考古资料中，倒是史前文化中的龙山文化流传下来一些黑陶杯，在造型上都是极美的东西，我看过一个例子，几乎与当代流行的杯形非常相似呢！

宋·郁金香形黑瓷敛口杯

史前文化造型上乘的黑陶杯

龙山黑陶是非常精致的作品。在那个原始的时代，用什么技术才做出这么细致、薄胎而美丽的器物，实在是一个谜。

这是一只简单的高杯，很像今天的啤酒杯，可知龙山人是喝淡酒的民族。看它的质地，是泥质，尚不是当时最高级的蛋壳黑陶，但已经细致得惊人了。这件器物是龙山文化发掘中较常见的单耳杯，显然是一手持杯之用，与今天的用法相同，在造型上是上乘的作品，很像出于今天一流设计家之手。细长的比例非常悦目，高13厘米，口宽9厘米，底径7厘米，匀称雅致。轮廓呈柔美的内弯曲线，缓缓悠然上升。平底与器身间留有一缝，尤其值得称道，这是今天设计家

龙山文化黑陶杯

所重视的细节。连小小的圆形把手的位置在中央略上一点，也经过考量，实在不容易。

近年来，杯子也流行喇叭口式的造型，可是同样的造型在线条的处理与把手的设计上都有高下之分，不比较是不能判别的。

后代杯子之美最为人称道的是明成化的鸡缸杯，一个小小的杯子闻名海内外，其造型与轮廓很普通，美在柔和的斗彩与画风。斗彩是指以青花为基础，加上五彩的施彩法，所以色彩兼有和谐与凸显的特色，只要画得好，容易产生文雅的感觉。因为成化杯难求，所以清三代也生产了类似的杯子，仿制的效果不错。只是鸡缸杯是酒杯还是茶杯，并没有明确的记载，很可能是只供观赏之用吧！

明代以后的饮茶方式大约就与今天相同了。不同的是所饮之茶是江南的绿茶还是岭南的熟茶。两种茶的饮法都是置茶于壶冲泡，前一种茶用大杯、大壶，因茶较淡，饮量较大，后者因茶甚浓，故杯、壶都较小。不论哪一种，在茶器上，壶不但不可或缺，而且还成为主角了。

斗彩鸡缸杯
（台湾历史博物馆馆藏）

宋·茶叶末小壶

绿茶的茶具，壶与杯多为一组，在造型上互相配合。茶是居家与待客必要的饮料，因此茶具成为中产之家必备的器物，也是家用的装饰品。直到最近，才有用玻璃杯兼代杯、壶，直接置茶叶于杯中冲泡的饮法。对于以饮茶为消遣的上一代，这是很实际又方便的办法，只是茶器的美就因此消失了。

宋代的壶是很美的，但大都是酒壶。当时有没有茶壶呢？尚没有深入的研究。我曾看过一只不大不小的壶，近茶叶末的色泽，壶体、流（壶嘴）、把手都是宋代风格，有一种朴质的美感，我推断是茶壶。在南宋时代，茶文化可能已经渐自贵族、僧侣的生活中走出来，丢掉繁文缛节，进入普罗大众的日常休闲中，以壶冲泡茶叶要方便得多了。

明清的茶壶

明代的大型茶壶，也许因为提梁之故不易保存吧，看到的例子不多。在"中国名陶展"（1992年）中有一只明万历五彩提梁壶可以作为代表，它是瓜棱为体、花鸟为饰的设计，在造型上是无法与宋代酒壶相比的。清代以后，就改提梁为金属提把，或在"流"的对面做把手，造型就合理得多了。

我看到的清末到近代的茶壶大多只是直筒形上有彩饰，无甚可观，倒是民间的青花茶壶颇有野趣。为了铜把手，这种壶肩上有四系纽，壶身为素朴的苹果形，壶嘴很短小，附着在壶身上。遍身是浓浓的灰青釉，有温润的光泽，上面用浓灰青色快笔画了山水景物，由于下笔潦草而抽象，只见点、线、面的构成，非常活泼生动。以美感水准而言，超过景德镇之通俗作品多矣！

清末民窑青花四系茶壶

明清宜兴茶壶成为民间美学的主要泉源

可是明代中叶以后，饮茶艺术最有特色的发展是小壶小杯的浓茶，也就是今天所说的老人茶。这种饮茶方式的历史并不清楚，但明代即在江南宜兴生产细泥壶，烧制精细，设计多样，壶形且自大而小，渐渐由执壶变为掌上的玩物。到了清初，已形成一种特殊的饮茶文化，这时候，茶杯已缩小到无足

台湾的陶制茶壶

轻重,直径只有二三厘米,器之美都集中在茶壶上了。几百年间,宜兴茶壶发展出几十种标准形式,几乎每个样子都很成熟、美观,成为民间生活美学的主要泉源,尤其是闽粤一带,特别流行。

  宜兴茶壶的重要特色是上手。表面要细而润,壶之流与把、盖等都要与壶身结为有机之整体,使在上手摩挲时不会感到棘、绊。近年来宜兴出现一些现代制壶家被台商炒得高价的作品,大多以造型奇特制胜,并不合乎美感原则。紫砂是宜兴壶的别名,说明其色感与触感之美,实在是生活器物中最具审美价值的一类。

  这种玩物式茶壶的传统,在士人的休闲生活中很自然地取代了茶杯的地位,发展出一种对壶嘴喝茶的习惯。这是不上台面的动作,但清末以来却颇为流行,因此捧在手上既温暖又可解渴的小瓷壶风行起来,这种壶为白瓷,壶身有彩色装饰,但造型上是把大壶缩小,在美感上不能与宜兴壶相比。画得好的尚有可观之处,可是已经是茶壶艺术的末流了。

西方发展贵族风格的茶具文化

自从瓷器的技术与饮茶的习惯传到英国之后,他们很快就发展出一套很精致的茶杯与茶壶的文化,慢慢超过了中国。到清末,这种新文化由于洋人的东来,自通商口岸的租界回传到中国,今天高级的饮茶及其茶具,都不知不觉地西化了。今天世上最被称道的茶具已不是中国制造,而是欧洲货。由于经过欧洲贵族生活的洗礼,他们的茶具自然带有洛可可的高级、精细的装饰风格,瓷质极白极细,描金涂银,雅致有余,生命感不足。这种风格最忠实的东方承受者为日本,因为只有他们才有那种技术与财力来模仿欧洲的贵族风格。当然,今天也已经

西式茶具

平民化了。

　　由于制瓷技术的工业化，手工已被机器所取代，西式的高级瓷在价位上已可大众化，成为我们生活中的选项了。因此到百货店购买茶具时，常有琳琅满目、不知如何下手之感。除了可自其中寻找自己的爱好外，这也是考验我们美感素养的好机会。可以多看、多比较，以养成眼力。坦白说，外国的设计虽已量产化，因经外国设计师之手，作品的美感是比较可靠的。只是对于不喜欢机制品的朋友，就另当别论了。果真如此，只好到工艺家的店里找找看了。

　　现代工艺家也喜欢做茶壶，但是艺术家要别出心裁，对其作品个人风格的重视可能超过对美感的要求。有些风格与美感兼备的作品是上上之选，并不容易遇到。真正优秀的作品，以艺术品叫价，又非一般大众所可负担。这一点要各人自去斟酌了。

[书法篇]
现代人看书法之道

闲暇时写字消遣是中国人的特权,因为只有中国文字是艺术的化身。写字时既可以有创造的乐趣,又可以培养美的情趣,是西洋人想象不到的。

如何培养美感
现代人看书法之道

在中国人的生活中，谈到美学无法不想到书法，因为我们是诗文的民族。自古以来，受尊敬的人无不日日与文字为伍，而且或多或少都是能写字的人，文人之间的馈赠常常也是诗文。建筑环境中的匾额、对联随处可见，而且均不可少，因此文人们公认书法是第一艺术，其地位远在绘画之上。古代社会中，读书人几乎人人都能欣赏书法之美。

到今天如何呢？经过西方文化的冲击，各种艺术品进入我们的生活，令我们的价值观有很大的改变。即使是在传统书画的范畴内，绘画的地位也早已超过了书法。这是因为毛笔字渐渐为硬笔字所淘汰，年轻的一代已经不再视书法为生活的一部分，他们不练字，自然也不能辨别传统书法的优劣。书法似乎已失去了生活艺术的地位。

情况也许没有那么悲观。第一线曙光是大家都富有了，住的环境大大改善，家里客厅的墙壁上都需要一些装饰。有钱又有艺术素养的人当然会买画来挂，但我们近几十年来的教育既没有培养出有教养的民众，大家对艺术欣赏的程度也有限，除了街头画家陈列出来的带有吉庆意味的牡丹花等之外，他们也看到了书法。他们虽然不会写，但可以读其内容，因此比起看画来要亲切得多。近年来，在客厅挂书法的人家越来越多了。我在大陆旅游时，看到观光街道上的书画摊吸引了很多人争买对联，可见有不少中国人已有所需要。现在的问题是，他们没有辨别书法所特有的美感的能力，尚无法把书法视为提升生活美感的要件。

自美感的基本要素中寻找新书法美学

真的,在没有毛笔字经验的背景下,要怎么让社会大众欣赏书法呢?他们真有希望掌握笔墨之美吗?

要使大家重新细致地欣赏欧、柳、颜、赵等笔下的精气神,除非要他们执笔练几年字。这恐怕是不可能的,何况今天已是21世纪了,中国的书法难道非依赖模仿古书法家的字迹才能谈美吗?在目前的观察下,靠苦练成功的书法非被丢掉不可,我们要自美感的基本要素中寻找新书法美学之道,才能令书法回归大众生活,而且达到充实生活美学的目的。这是完全可能的。

从《石门颂》看新书法美感

要找到新的书法美感,可以从王羲之以前的书法中去找,因为那时尚没有成熟的笔墨技巧。东汉时期留下很多石刻,其中不乏笔法看上去很幼稚,整体看来却不失美感的作品。在清朝中叶以后,书法家厌倦了老练、油滑的笔法,都到汉魏碑刻中去找灵感,可是太过完美的碑刻又不免为凿刀所限,工整过甚,稚气不足。在我所见的汉碑中,最有现代感的是《石门颂》与《西狭颂》,尤其是前者。让我们分析一下《石门颂》之美,看看我们能学到什么。

为了使读者更清楚地了解《石门颂》,我把其中拓片的一页用双钩填墨几个字。因为长期以来,我们自碑刻拓片看到的是黑底白字,在视觉上增加了想象空间,并不是原貌,还原以后就很明白了。它当然不是毛笔写出的原件,但与原件相近。各位请看,这样的字是不是很近似孩子用硬笔写出来的呢?这样的字被清代的名家认为劲挺而飘逸,严正而宽绰,为有古趣的杰作,这是什么缘故呢?

何谓劲挺?就是硬笔的感觉,与后期柔软的毛笔比较起来是有力的。为什么飘逸呢?因为虽用硬笔,线条却飘然,没有用力压下去的感觉,每一笔画起首与收尾都很潇洒。既然有飘然之风致,为什么又严正呢?因为笔画之排列规规矩矩、横平竖直,而且尽量做到平、直。而笔画之间的关系匀称,比例恰当,所以予人宽绰之感。宽绰,宽厚大度而柔美也。

从这里看,《石门颂》的书法是很古很拙的,与后世的灵巧相去太远了。从石刻拓本上描下来,每一笔都像出自拿不稳毛笔的孩子的手,然而却合乎视觉和谐的原则。我承认有些优点是出自于汉代早期隶书的字体特色,可是它给我们很多启示,使我们了解即使不能掌握毛笔字的技巧,仍然可以写出具有美感的字来。

《石门颂》碑拓双钩文
(作者摹写)

书法美感的三原则

我们可以整理出几个原则来说明书法的美感。

第一是通篇的和谐重于个别文字的美。多年前我们习书法时,老师通常是逐字批改,对写得合度的字打红圈,对不合意的字打叉或对笔画示范修正。今天的书法怎么教我不清楚,相信仍然是对个别文字施教,这种教法只能使学习者学到"正确"的用笔法,而不是自画面的美感着手。在《石门颂》中,几乎每个字单独看都是东倒西歪,自今人看来,字不成字,可是通篇看,却有"野鹤闲鸥"的美感。这样神奇的效果就是以统一的笔法,重整体而轻个体才达到的。

第二是和谐的秩序由笔画来达成。笔画就是横、直、点、撇、捺之类。文字由笔画组成,文章由文字组成。笔画组成文字是基于造字的逻辑,再由文字拼合成文意,并没有想到要合乎美的原则。可想而知,一段文章通篇的美是不容易达成的。这些笔画凑在一起既是偶然,因此常常是不和谐的,书法家的重要任务就是要把这些在视觉上原不相干的笔画构成一个和谐的整体。当然了,一个重要的条件是不牺牲文字的可辨识性。

第三是为了通体和谐创造笔画风格。要把一些互相扞格不入的笔画形成韵律分明的和音,必须使笔画带有特殊的韵味。在建立此特征前,通常先要尽量减少笔画的种类,使各种笔画间有共通性。比如说,《石门颂》笔画细柔带刚,没有一条绝对的直线,而《西狭颂》则笔画粗直雄壮,以方正取胜。两者的字体都是当时的隶书，却各有特色。

　　掌握了这三个原则，只要会拿笔写字，即使没有毛笔的底子，用硬笔也可写出像样的字。只有自己会写一点，才能把书法生活化，才能欣赏书法。

稚拙之美

　　为了使读者更明白书法美感的多样性，我可以再举几个例子，其中一个有趣的例子就是东晋时代的爨宝子碑，这个碑的书法似乎全是用刀刻出来的，完全没有毛笔的感觉。我们无法推断其刻制的过程中曾否使用毛笔书写，表面上看它比较近似印章的阴刻，今天用毛笔模仿是很困难的。但是经过康有为的推崇，不少人喜欢它刚正中的灵气。我曾在广州看到有些题字便是出于其风格。

　　在中国书法史上，如此强烈的风格是很少有的。它的美感中充满了稚气和天真无邪的风味，使人很难相信是出于书法家之手。每个字都有逸气，通篇又呈现别致的美感，是自此而后，书法史上再也看不到的。稍后的北魏的碑文虽达到楷书成熟期，但已经太老练、太刻板了，喜欢刚强风格的传统书法家会走魏碑路线，但要带点创意，一直到狂草出现才在风格上跨出了一步。

爨宝子碑的文字"嚮"与"野"
（作者双钩）

太和九年十一月使持節司空公長樂王丘穆陵亮夫人尉遲為亡息牛橛請工鐫石造此弥勒像一區願牛橛捨於分段之鄉騰遊无礙之境若存託生生之鄉妙樂自在之處若有諸佛之所若生世界妙樂自在之處若有苦累即令解脫三塗惡道永絕因趣一切眾生咸蒙斯福

"龙门二十品"之《尉迟为牛橛造像记》碑文拓本

我这样说，绝不是否定自北魏、唐代以来正统书法的价值，而是要说明，未经苦练正统笔法，也可以有美感，而且可以有独创性。其风格可以贯穿个别文字及通篇之美。举其中的"嚮"字来说，笔画很多，爨宝子碑的字体构成很奇特，把"嚮"字解体，"乡"边夸大，"阝"字边缩小，形成一个颇富动态又出人意料的美丽字形。其中"艮"、"阝"、"向"三部分，以回应通篇刚正感的基调，"乡"则以三撇造成动感，这简直可与现代设计之学相通了。同一手法也可在"野"字上看到，"予"边被写成古字形"マ"，因此以"里"与"口"来宣示平直的基调，却把"マ"用柔性的曲线表达，以形成动感。这都是在北魏以后的正统书法中看不到且会被视为败笔的。为了达到通篇的和谐，碑文中常会减笔，保持疏朗平整的感觉，很多字在今天看是错字。其实北魏"龙门二十品"中也有近似的例子。

以上所举的碑刻是属稚拙美的范畴，可是中国文字比较流行的写法是流畅的毛笔字，不是刻石。把毛笔字写到非常流畅，当然要以线条化的草字为代表，这是很自然的发展。只是草字太简略了，

"龙门二十品"之《解伯达造像记》碑文拓本

自古以来就少人认得，才成为读书人之间专用的字体。所以到后来，文人就开始玩弄流畅的线条，到唐朝出现了狂草。老实说，到了这一步，写草书就是为了美观，认不认得反而不重要了。

笔与墨

把书法的艺术看成线条的组织，脱离诗文，是生活美化的一大步。有人不免怀疑，这样就是书法设计化，与美术字有什么分别？是的，美术字的用意就是设计看上去美观的文字，是纯形式的，难道也算得上书法吗？

美术字有不同的功能，并不是书法。可是书法之美不能再向诗文内容寻求，因为时代改变了，我们已无出口成章的能力，也没有这种心情。那么书法不同于美术字在哪里呢？就是笔与墨。书法是我们用手执毛笔蘸墨汁写出来的。即使是硬笔，也要经过写的历程。由于"写"，必须经过我们的手，而心手相连，因此无形中传达了书写者个人的情性。字迹呈现的美，虽然只是形式，却也代表了书写者的人格与素养，美就不只是形式了。两个人使用工具可以画出完全相同的美术字，却无法写出完全相同的字迹，即使是硬笔字。

今天是电脑化的世界，写字已经不是生活所需的能力了，但是为了充实精神生活，我们还是离不开文字。闲暇时写字消遣是中国人的特权，因为只有中国文字是艺术的化身。写字时既可以有创造的乐趣，又可以培养美的情趣，是西洋人想象不到的。我们还可以通过写字来重新探索诗文的天地，何乐而不为呢？

[家具篇]
椅子之美

在为生活需要而寻找椅子的时候,时代风格是不相干的,可以按自己的喜爱选择,但我们信守的原则是:既合用又美观。

在家具中，与生活最密切的是椅子。与床、桌、橱柜等大型家具比起来，椅子只是配角，但却是居家生活环境里最受注目的物件。其原因有几：一、大小适当。物件的尺寸在目视范围内很容易被目光捕捉到，比较容易受到注意。椅子在房间里不大不小，恰恰好。二、家具大多笨重，相形之下，椅子是可以轻易搬动的，较容易被品头论足。三、椅子的功能是否恰当很容易被使用者评估。落座是休息时重要的动作，必须使肢体得到放松。由于这些缘故，我选了椅子作为家具的代表，讨论其美感，供读者们参考。

椅子的基本形式的文化差异

椅子有多种。椅子有别于凳子，多了一个靠背。椅与"倚"有关，所以椅子最基本的形式是凳加靠背。中国古代六朝之前是席地而坐，没有凳，也没有椅，这些家具是受西域影响，生活方式改变后的产物。所以日本并没有椅子的文化，他们唯一的家具是受中国影响的矮几，供席地而坐时使用。我们可以想象，没有椅子的时代，大家的背都是直挺的。习惯了，也许就不觉得累了。

一旦有了靠背，就改变了坐姿。无椅的时代，人人都盘腿而坐，像菩萨静坐一样，双手放在前面。坐上靠背椅之后，手放在哪里呢？正襟危坐时，双手仍然放在前面膝上，工作时，手就自由活动了，我们读书、办公时就是如此，靠背只是偶尔做短暂休息时使用。所以工作椅，包括办公椅，是最简单的椅子。

可是在自由落座时，两臂也有安顿的必要，所以有了靠背椅不久，就出现了两侧的臂搁，把椅子的造型向前推进了一步。自此之后，椅子的标准形象就固定化了：比较高的后背，两侧比较低的扶手，呈"凵"形。理论上说，有了扶手，椅子就具备休憩的功能，其多功用的价值就出现了。我们今天所看到的这种椅子都是自这个基本的造型推演出来的，椅子成为一种艺术品也始于此。

椅子与生活习惯、文化观有关

谈到这里可以知道，椅子的两种形式与家用是有关系的。以餐椅为例，应该采用哪种呢？理论上说以基本型为宜。因为用餐时我们的双手是靠在餐桌上，或忙于帮助进食，不会放回扶手休息。严格地说，吃饭时坐凳子就可以了，所以过去的餐厅都用长凳，而今天的餐厅使用的餐椅常以美观为原则设计，椅背等于一种装饰，所以有各种变化，可以自由与桌子或环境相调配。

可想而知，用餐的意义不只是吃饭，在家用餐有家人和乐相处的意义，出外用餐有与友人交谊的意义，请重要客人有礼仪性的意义，所以餐椅是有象征价值的。一般说来，礼仪性的餐椅是正式的椅子，高靠背带正式的臂搁，每位宾客占用的空间比较大。餐馆用餐时之椅子，大多有扶手，但椅背较低，以轻松美观为上。

椅子的形式与生活态度有关。西洋文化中的椅子与中国椅子有很大的差异,主要是因文化的基本精神不同。简单地说,中国士大夫主张精神的修养,认为坐应有坐相,而西方的贵族则以肢体的舒适为重,并不计较落座后的姿态,所以中国千年以来一直是木制直背的硬椅,甚至需要脚踏,而西方于"洛可可"以后,发展出软质的沙发椅,并自坐姿向卧姿倾斜,产生椅子越低越舒服的观念。这两种不同的文化观所产生的椅子,自然应自不同的角度去评论或体会其美感。

唐以来风格明确,明清成为收藏经典

中国自唐代以来的家具就有了明确的风格,向轻量与线条化发展。这与中国建筑用梁、柱构成在精神上是一致的。六朝以后,中国发展出曲线美的文化,自然也影响了后来的家具。所以中国家具风格有两类,一为直脚支持系统的功能组合,一为曲线支持系统的组合。前者通用于各阶层,有简单合理之美,后者富装饰性,发展出特有的支脚,通用于上层社会。但坐姿以"正襟危坐"为主,没有侧压力,所以结构的承载问题并不严重。在古画上表现的椅子,都是由很细的木条构成。

中国家具到明代才成熟,并不是在风格上有所改变,而是进口木材的品质提升了。中国本土木材最好的不过是榉木、榆木,南洋才有质地细密、木纹优美的真正硬木。其中尤其以黄花梨木最受欢迎,因此明代才有在高级家具上放弃黑漆,欣赏木纹之美的文化。清代大体上延续明代传统,但改以近黑的紫檀木为最受喜爱之木材。这些进口的硬木,量重而稳,结构坚

固，亦可雕细花，因此明至清初的家具才成为家具之经典，为全世界收藏家所喜爱。

禅椅的经典美感

我先介绍一张合乎中国经典精神的明代禅椅供读者参考。禅，顾名思义，就是打坐之用，所以藤面很宽大，为盘坐所需，看上去比一般椅子大很多。由于打坐无须倚靠，所以靠背与扶手都是象征性的，用不上。然而正因为如此，禅椅的经典美感才呈现出来。

它的美在于构成非常简单，用木条组成大小不同而比例相近的矩形，呈现最古典的和谐感，因此成为收藏家追逐的对象。极简之美常常与精神的高超相配合，黄花梨的木纹与藤面的编织恰恰配合这种轻灵空虚的美感。在今天的物质世界中，

明代黄花梨禅椅

物欲横流，是无法产生这种椅子的。

　　一般有身份的人家所用的椅子有两种，严肃些的用所谓的官帽椅。官帽椅后背高，两翼低，近似明代官帽的轮廓。其实它是我们前文所说的标准座椅，代表国人的坐的文化。高背中央置一长板，暗示挺背。线条表现结构功能，但都略有曲意，显示刚中带柔的生活方式。虽不能与禅椅的古典美相较，但它的美正是自刚柔并济的细致感觉中产生的。

　　江南比较流行的是圈椅，它是把后背与扶手结合为一条曲线的设计。由于这条曲线很生动，触感良好，这种椅子颇受民间喜爱，一直到今天仍然有人使用。为了配合这个圈，支撑系统也带些曲线，前面增加了"壶门"，使整个造型柔软化，没有太师椅那么严肃。

　　这些传统延续到20世纪，被民间活用。有一种女子使用

明代紫檀出头官帽椅

明代黄花梨圈椅

的椅子，体积较小，靠背设计较轻松，渐因便于家用而流行起来。两岸渐开放以后，大陆有些古家具流出来，成为爱好者收集的目标。我为了家用，买了一些好看但价钱适当的桌椅，介绍一两件给读者。

我是为餐厅买椅子，所以尺寸要小，造型要简单，而且要成套。这很困难，因为成对容易，成套难。我在古家具店找了很久，幸运地找到四对，两对带扶手，两对只有后背。我选择的是高度与靠背设计完全相同的椅子，下面有些差异就不顾及了。到清末民初，家具受外国影响，考虑到实用，有些中西合璧之风貌。我买的四对椅子，百分之百中国风，但梳齿式的上部设计，在中国早期家具中却找不到例子。

丢开时代风格不谈，我重视的是美观。

首先，我喜欢的是细木工的美。每一根硬木打磨成的细条，微曲的收头，整齐地排列着，予人优雅的感觉，表面深赭色的木纹，兼有人工与自然的美。较粗壮的边框与较细巧的篦齿间有适当的对比。座面之下是明式椅子的支撑系统。椅背的边框与后腿是连通的，因此有安全感。前面两腿略外撇，中有壶门或如意形的横杠，予人以稳定与流畅的美感。整体看来，是线条的组合，以圆润的感觉统合着各部分，即使板面的收头也做成圆条的形状。

适当的比例是中国椅的特色

适当的比例是中国椅的特色。禅椅的构成也反映在这里，

禅椅

带扶手的椅子，因为多了两只同属梳状的扶手，而增加了韵律感。比例与功能有关。这把椅子的靠背适合挺胸落座的姿态，恰好抵住腰的上部，是最合理的休息坐姿。所以中国的椅子座面是长方形，前后较短，是便于竖直脊背的设计。中式椅子可以统称之为老人椅。

　　我也买过一对圈椅，不知其时代，大约也是清末吧。但这类晚清的明式椅子虽见过不少，很合我意的却不多。不是雕凿太过，就是曲线过分夸张，或比例不佳。后来遇到的这一对，并非高价的黄花梨，而是一般红木，但木纹柔和可亲，整体比例恰当，圈线自然，收头亦恰如其分。它的装饰只有背板上的一个圆形螭纹，与整体风格相配。器物之美，差别只在毫厘之间，只有细心品味才分得出来。我这对圈椅在美感上并不下于非常高价的明代真品。

意大利设计　　　　　　　　奥地利设计

20世纪的西方椅子受中式影响

西方的椅子到了20世纪,颇受中式椅子影响,在机能主义主导的时代,有线条化的设计。在此我举两个例子。

第一个是意大利人设计的餐椅,非常简单、轻快、优雅,为西方中产家庭所爱用。垂直的部分与水平撑子间的安排,在结构安定与组成比例上都很恰当。靠背略后弯,与中式椅子相近。但因为木构件收头为尖形,且无曲线,又无正面装饰,风格明显为西式实用型。生活美学实应自此开始。

第二个是奥地利人设计的餐椅,同样简单、轻快、优雅,大量生产供中产阶级使用。它的特色是曲线的运用,应该是受中国影响的洛可可式设计传统下的产物。一切以圆形为基础,座面为圆形藤面,后背为两层曲线的组合,连支撑系统也用圆形与曲线，是浪漫风格的作品。这种椅子曾在台湾仿制，因此我一度用为餐椅。

造型设计与实用之间

真正西方传统的椅子以坐下来轻松、舒服的风格为主流。在20世纪，既有了软垫的材料，又有了钢材及塑合木材，座位上富有弹性的舒服感配合人体工学，成为椅子设计的新精神，这是与新时代的生活方式相配合的。这类椅子的美学体现为线条动态的流畅感与各式曲线的和谐感。用钢做成管，用塑合木材做成板，两种材料都有其特色，亦可弯曲成型。在抽象艺术盛行的时代，椅子是兼有功能与造型美的重要制品，因此使后来的设计走上表现主义，跨入纯艺术的范畴，脱离了生活美学的领域。

荷兰设计师李特威德的作品，艺术多于功能考量

如何培养美感
椅子之美

　　最早的椅子艺术尚以使用为念，如高迪的设计，以拟人为造型，但不影响落座的行为。但李特威德（Gerrit Thomas Rietveld）受蒙德里安影响的作品"红与蓝"，虽仍可使用，但已经是艺术多于功能的考虑了。到了上个世纪 50 年代，泡沫胶及塑胶流行，一体成型的雕刻类家具开始流行。大体说来，塑胶品设计仍然合用，但延续现代主义传统、有强烈色彩的泡沫胶作品则以造型为重，在实际使用上就较弱了。到了 70 年代，后现代的作品则以展示为主要目的了。

　　我们并不反对椅子的艺术倾向。当代艺术可以用任何形态呈现，但是艺术与美自从 20 世纪中叶就分家了，艺术的发展不应该影响到生活中的美感。所以在为生活之需要而寻找椅子的时候，时代风格是不相干的，可以按自己的喜爱选择，但我们信守的原则是：既合用又美观。

　　所幸到了世纪之交，当代艺术进入大众时代，家具的艺术化虽有多方面的发展，却仍考虑到应用。有钱购买艺术家具的人可以不必与艺术划清界限。

[建筑篇]
留意建筑的美感

好的建筑与平凡的主妇一样,是情理兼顾的,富于自然的美。不特别吸引你的眼光,却久看不厌,越看越有味。所以建筑的美是落实在基本感官价值之上的。

如何培养美感
留意建筑的美感

在我们的生活中，与衣食住行相关的艺术是和我们最接近的。这些是我们物质生活之所必需，但也是精神生活立基的所在。在这四个项目中，衣、食与行的艺术呈现都是动态的，在生活中一瞬即逝，但刺激力强，需求性亦强，是生命力的催生泉源。只有住所的艺术是静态的，一旦满足了居住的条件，就对它的存在无所感了。

我们到一家高级餐馆用餐，他们提供的环境气氛、配套的餐具、餐盘上食品的设计，加上食物的美味，都使我们兴奋。但酒足饭饱，走出大门后，一切都是过眼云烟，会在眼前消失。我们会期待另一次机会。只有非常富有的人才会在日常生活中安排如此具有美感的餐饮。

可是居住环境就完全不同了。你在高级餐馆与友人酬酢之欢乐消失之后，拖着疲乏的身体回到自己的家，只有习惯的、舒适的感觉。熟悉到几乎没有它存在的感觉了。以人生相比类，建筑如同结婚多年的太太，衣食之美如同舞女、歌女，对我们的意义是大不相同的。一个充实的人生，不能靠纸醉金迷的日子提供的短暂欢愉，要自平凡的生活中寻求精神的满足。爱与美都是人生的核心价值。

平凡艺术的醒悟

建筑就是这样一种平凡的艺术。它一旦站在那里，便十年八年，甚至上百年，为我们遮风蔽雨，始终不变地驻守着。对它，如同空气一样，是存在的必然，必然到视而不见。只有到了某一天，政府说这建筑老得可以视为古迹加以保存，我们才觉悟到它有某些价值，甚至探讨它的美感。对于大多数未蒙青睐的建筑，则是再美也受不到注意的。如同一位家庭主妇，极少会有人留意她的美质。

好的建筑与平凡的主妇一样，是情理兼顾的，富于自然的美。不特别吸引你的眼光，却久看不厌，越看越有味。所以建筑的美是落实在基本感官价值之上的。

难道世上没有花枝招展的建筑或引人注目的建筑吗？有的，那都是建筑界争取表现机会的目标。古老的如华盛顿的国会大厦，近期的如毕尔巴鄂的美术馆，都是鹤立鸡群供人欣赏的建筑。西方历代著名的教堂、现代的文化建筑大多属于此类。它们与我们生活的关系是有限的，其功能大多是生活的调剂，如同我们每年去几次美术馆，看几次表演，是生活的装点，不是生活本身，所以我们不能把它们放大成建筑的全部。平凡的建筑才是生活不可缺少的一部分，它们的美才是我们应该注意的。

以"注目"观察生活中的建筑

如何以生活化的态度看建筑？我在二十年前曾写过一本《为建筑看相》的书，请大家参考。这里让我自美的观点介绍一个观察的途径。

欣赏任何生活中不可或缺的东西，都要学习"注目"。就是英文所说的 pay attention，意为"放在心上"。不放在心上，当成空气一般，再好的东西也会视而不见。一旦放在心上，眼光就会凝注,美与丑的感觉就浮现了,我们称之为敏感。这就是为什么对一个敏感的人,随处都是广阔的天地。推到极处就是可以在一粒沙里见世界的哲人了。

开始留心建筑的美感必然要自对"比例"与"构图"有感觉起步。我在别处已详细介绍过这两个重要的视觉要素,此处不多说了。比例美的重要性以我眼前这张 A4 纸为例好了。这个比例放在书桌上,很适合我们的眼睛,是 $\sqrt{2}$ 矩形。如果挂在墙壁上,就嫌短些,最好是黄金矩形。所以比例是与距离有关的。构图则指几个不同的元素组合在一起时的和谐关系。所以在美感上,构图比比例更重要。我们不妨说,单一物件看比例,多物件时看构图。不懂得比例与构图之美的人就看花样了。

比如我家书房的窗外对面新建了一栋高层公寓,它的后方正面就是我每天必见的东西。所幸这位建筑师尚有水准,虽不会使我感到愉快,也不至于头痛。我所看到的是一层一户的卧室与阳台,位于两柱之间(图一)。单自一层看,设计者用钢梁做出框框,用真真假假的栏杆来统一开口大小不一的视觉因子,因此形成比例大约为 2∶1 的矩形,整体说来可以接受。如果注目于卧室的开窗,则觉开口比例不佳,但它的比例与卧室的墙面比例相似,又与栏杆的立柱分隔比例相当,所以关系尚称和谐。还有一个有趣的关系,是阳台退凹部分与卧室墙壁的比例相同,它们一直一横,成直角关系。这种比例与构图的和谐,可能是有意的,也可能是建筑师无意,因自然的美感反应而设计出来的。我对它的不满意处在于铁栏杆大半是假的。

我举这个例子是告诉读者,建筑就在你的眼前,你能欣赏

图一

就会感到丰富，或设法改善。近十几年来，台湾的建筑水准在日常生活层面上有显著的进步，但市民的眼光没有进步。近来的居住建筑不但注意比例与构成的韵律，在质感与色彩上也考究些了。公寓大多用长条的面砖增加亲切感，有些作品使用不同颜色的面砖，在质感上统一，在色彩上求协调与变化。在我客厅的对面就有这样的例子（图二）。

　　造型的变化是怎样产生的呢？答案是分解室内功能，表现在外面。三十年前的建筑没有造型美的观念，高层建筑只学到现代主义的水平窗（图三），或成条的阳台栏杆，看不出室内的功能，整齐而单调，太过军营化。其实只要在客厅、卧室、阳台的功能上略有表现，建筑就很有表情了。

图二　　　　　　　　　图三：水平窗公寓

再拿我家对面的大厦做例子（图四）。这座大厦建好了几年，因产权纠纷一直未出售，但在设计上颇有美感。它使用灰调，但用浅灰与深灰两种颜色，质感则用花岗石板材。在造型上看，是客厅及其阳台为主，一边为卧室，中间隔以梯间。阳台的比例也是2：1，卧室的窗子则约略相当。所以在功能与构图上都说得过去，以梯间为主轴，左大右小，左轻右重，还真均衡，是颇有美感素养的设计。

那么在这座大厦旁边新建的一座呢？因为都是豪宅，设计也是很考究的（图五）。可是因为面宽不大，就采取古典的原则，以平均开窗的方式，采单一韵律，分不出室内的功能，也就是室内各个房间的窗子完全一致。整齐划一的排列确实有些单调，但个别的窗子比例抓得好，材料配衬得适当，就有一种简单纯净之美。近年来流行的这种开口方式，在功能上比起早年的水平长窗也合理些。

图四

图五：平均开窗的公寓

处理杂乱无章的"加"

自台湾的街巷建筑看，美感的最大敌人实际上是违章。违章有两类，一类是加建，一类是表面改装。前者是实质违章，后者是法律允许内的违章，如阳台加窗。这两者是中国人的社会所独有，也是杂乱无章的根本原因。所以第一步先要清理违章，包括广告、招牌，把建筑的原貌显现出来。不过这一点在中国人的社会中是办不到的。

不只是违章有碍美观，即使在建筑上悬挂不能避免的空调机，也是破坏美观的杀手。今天在台湾，居住建筑先要解决附加设备才能谈美观。空调与铁窗之外，屋顶上的储水桶也是必须解决的。这就是为什么今天的所谓豪宅大厦都要设置中央系统的原因。希望不久的未来，即使低价的居住建筑也可以不为附加设备所困扰。

台北高水准的居住大厦不多，我比较喜欢姚仁喜所设计的一座公寓，使用多色彩立体的组合，局部与整体的比例良好，非常美观。有些著名的大厦，如帝宝，名为日本名师所设计，但并不出色，建筑的构成既不合理，又不适情，谈不上美观。其大门建了巴洛克式的门房，与那几座大楼很难协调，其暴发户心态显露无遗。以欧洲贵族的装饰强调美感是很幼稚的，通常不能满足真正有美感素养的人士，只能满足空虚的心灵。

几根柱子就可以建立美的典范

　　在当代建筑的国际潮流中,有一派称极简主义,就是把建筑做成几乎不被注意的样子。台湾前几年有"减法美学"的说法,实际上也是基于同类的思维,认为生活中繁杂的东西太多了,求美要自清静开始。极简主义在建筑上是自密斯·凡·德·罗的玻璃盒建筑发展出来的,它的老祖宗可以回溯到古希腊的神庙建筑,只是几根柱子就可以建立美的典范了。台湾建筑界的前辈王大闳先生,早年的建筑就是以简洁取胜,可惜已看不到了。目前这样的建筑也许只能在台大的洞洞馆看到。洞洞并不重要,要看简单的造型与外观,尤其是柱梁间的比例与和谐的韵律。看惯了这类清爽的建筑美,再看表现装饰过甚的东西就会感到厌烦。洞洞馆是张肇康的作品。

　　近年来,简洁的大厦有很美的设计。我在济南路看到一栋侨联大厦,就是玻璃盒套在框框里,构成富于创意。在玻璃面的外面加了一套轻细的钢格子架,用细横格把大楼的表面统一起来,达到整齐简单又美观的目的。可惜这样的手法可能会使大部分窗子自室内向外看时不免受细横格的阻碍,在功能上我无法接受。建筑由合情、合理,才能谈美,过分大胆的造型不免失之偏颇。

密斯·凡·德·罗建筑的简单造型，呈现简洁之美

台大洞洞馆（Vera／提供）

如何培养美感
留意建筑的美感

引人注目的建筑举例

前面提到的是与生活直接相关的建筑,也就是城市中的背景建筑,以衬托重要的前台建筑,也就是引人注目的建筑。老实说,城市中担任主角的建筑通常都考虑美观,重要些的甚至为建筑学的经典。比如悉尼的歌剧院,美动天下,几乎无人不知。可惜的是,台湾的这类建筑都不精彩,不值得讨论。连王大闳设计的中山纪念馆因受政府官员的干预,最后的成品也不佳。他使用的屋顶曲线,因对中国式建筑了解有限,所以起翘显得轻佻,把他在柱梁系统的比例上下的功夫遮掩掉了,实在可惜。相形之下,中正纪念堂要舒展、大方、匀称得多了。

台湾的超高层建筑也不佳。火车站前的新光大楼是日本人所设计,在细节的考究上很够水准,但到了顶上,自方形向上收的部分显得急促了些,失掉了从容的大度。大家只要比较纽约的帝国大厦就明白了,这是比例问题。至于李祖原设计的一〇一大楼,缺点在于没有把"超高"的力道表现出来,中国塔的形象用在超高建筑上是不适当的。世界各地的超高大厦都设法表达结构的稳定感。香港的中国银行大厦以斜撑构成三角稳定为主调,很多大楼都以不同的方式表现下部稳固、上方轻巧的感觉。这是超高美感的基本原则。

话说回头,以日据时期台湾的公共建筑来说,有很多西洋学院派的重要建筑是由一位名为森山松之助的工程官所设计的。他并不是有审美水准的建筑师,实为台湾的不幸。原台中市政府的建筑,使用古典柱式,由山墙、圆顶及法国式的屋顶组成,可是格局局促,缺乏气度,亦缺和谐之秩序感。试比较意大利文艺复兴大师派拉底奥的作品卡普拉别墅(Villa Capra),使用同样的元素所得的结果,简直有天渊之别。派氏成熟地运用了古典美的原则,比例优美,气度不凡,成为学院派建筑数百年的经典。值得特别在这里指出的是,森山对古典美学外行,而且不了解理性的重要,他喜欢用玩

卡普拉别墅(Villa Capra)有圆顶设计,为派氏著名作品

具式的圆顶。西方重要建筑的圆顶大多用在建筑之顶上，表示尊贵的地位。森山到处使用小圆顶，当成装饰。原为台北"监察院"的建筑，两翼的小圆顶甚至高过中央的圆顶，更不用说主圆顶的怪状了。据说"总统府"的入口也曾有一个小圆顶呢！

[彩瓷篇]
彩瓷的欣赏

不能轻率认定凡装饰都美,而且要严格检视装饰的美感价值。不只是在彩瓷上如此,在一切视觉物件上都要如此,因为装饰的成败决定雅俗之分。

在生活器物中，比较具有装饰趣味的，彩瓷是最常见的一类，也是颇有学问的一类，我们在此不谈它的技术与艺术，只就美感加以讨论。

也许你会问：彩瓷装饰的目的就是美，还有装饰不为美的吗？理论上说确实如此。但在装饰上弄巧成拙的例子很多，不但不能轻率认定凡装饰都美，而且要严格检视装饰的美感价值。不只是在彩瓷上如此，在一切视觉物件上都要如此，因为装饰的成败决定雅俗之分。

没有颜色的东西，我们通称为"素"，素与雅常常连称，可知素比较近雅。所以我们要用彩色装饰，最重要的是不能丢失一个雅字。何谓"雅"？很难说清楚，但归根到底就是要情理兼顾，合乎美的基本原则。由于过去没有学者讨论彩瓷的装饰美学，让我先把整理出来的彩瓷类别及其性质介绍给读者，作为后文讨论的基础。

彩瓷装饰的类别

彩瓷的装饰依装饰分布于器物表面的面积，可以大致分为三类：一为遍体装，即表面布满装饰的设计；二为局部装，即部分有装饰、部分留白的设计；三为点缀装，即基本为白地，只在视觉焦点处略加装点之意。这三类装饰方式并没有高下的区别，我们对它们的选择完全基于个人的偏好。也就是说，每一类各有其独特的价值判断方法，这才是本文讨论的重点。每一类中尚可细分，为了把类别说清楚，我列了一个表，以中国古代瓷器为例分别说明。

    1. 遍体装：①单一图案遍装，②绘画主题遍装，③多层主从遍装。

    2. 局部装：①上部装，②腹部装，③重点装。

    3. 点缀装：①开窗装，②轻绘装。

    单一图案遍装是指表面覆盖连续的同一图案。这种设计自宋代就出现了，很多著名的单色器可为例证。元、明以后少见，到清代，因仿古代精神才得以重现，同时亦在外国瓷器中出现。绘画主题遍装是指表面画有一幅画。这种设计出现较晚，是明末以后的事。绘画用在青花瓷上的手法始于元代，但只用一幅画，又用青花或洋彩则是清代的特色。至于多层主从遍装是元、明青花常用的手法。把器身分成颈、肩、腹、腰、裙、足等多层，以腹部为主，用绘画表示，其他则用图案装点，设计非常华丽。这样的装饰到清代用在珐琅彩瓷上者非常普遍，也是在美感上容易沦于低俗的一类。目前在大陆市场上最受欢迎的正是这一类。

    至于第二类的局部装饰，始见于唐代。上部装意指装饰集中在器物上部，是自唐三彩开始。三彩器物的彩色是自上部流下，停止在腹部下方，非常自然。宋代承此传统，有些单彩器有意设计上半部之图案，元代之后就很少见了，一直到近代才有再现的

单一图案遍装
（私人收藏）

局部装之重点装

迹象。腹部装是指器物之主要装饰在腹部；始见于宋代的磁州窑器，后代少见，但明清时代凡有宋代传统风貌之器物偶有所见。重点装则不一定装在何处，但按器形选择一特定重点，或为口颈部，或为足部，或为近流（壶嘴）处，点出其特色。明清渐有此类，但到近代才广为流传。

点缀装是指用面积很小的画面略微点缀，收画龙点睛之妙。唐之后，历代都有例子，但非主流。这种设计等于在一张白纸上画上几笔，有清爽的美感。明天启年间始有禅味的青花出现，传至日本，到近代则颇受西洋影响而普及。清代较少见，有之，是在白地上开窗，窗内有画。民国以后则为轻快的绘画，选红彩或多彩，把白瓷当画纸用。

施彩与主题的类别

所谓彩瓷的"彩"字是何所指呢？一般说来，排除明以前之彩不论,自明代的五彩与斗彩开始,五彩是硬彩,轮廓用黑线,颜色是平涂的,红花绿叶,所以有些稚气的华丽感。斗彩是五彩的特例,"斗"是北方土话,应该用"兜"字,是配合的意思。在青花的绘饰中加上彩色,斗合起来,称为斗彩,斗彩因以青花为主调,所以有柔和的色调,古文物中有名的成化鸡缸杯就是斗彩。五彩则以嘉靖、万历彩为上,尤其是万历五彩,因其潇洒的用笔为日本人所喜爱。多彩最怕俗、繁、板,乾隆时期的彩瓷大多有此毛病,此所以有人认为万历彩为五彩之最。

五彩到了清代,受西洋画的影响,在技法上与材料上都有改变,发展为软彩,这就是今天市场上最受大陆收藏家珍爱的清官窑洋彩与珐琅彩。所谓"软"彩,是指施彩时有浓淡之分,深浅之别,而创造立体感。

单彩,照说是指一种颜色,而自元代后,青花是最常见的单色瓷,由于素雅,也是最被广泛接受的。但当称彩瓷时,青花通常不在其中。青花是正色,其他颜色如红、黄、绿等才算

五彩瓷器(遍装)

五彩瓷器(局部装)

清雍正·斗彩瓷器

明天启·绘画彩瓷

单色。单色瓷在清官窑中是很普通的。

彩瓷除了色彩之外还有主题的区别。主题者，subject，即彩画的内容也。既然是画，就有内容，内容有两大类，一为图案，一为绘画。实际上，图案是连续的装饰画，也是一种画，故也可以细分。比如青花喜用缠枝番莲，但在视觉美感上，只要浓密连续，没有多大分别，所以在此不再详论。在彩瓷中，图案多半是绘画的背景或镶边，主题的意义常被忽略。

绘画才是彩瓷中的主角。从元青花开始就在瓷器上画画，从此把瓷艺的性质向绘画移转。以瓷画内容而言，有山水，有花鸟，有人物，样样俱全。到了清代，瓷器的造型不再受到重视，而完全以绘画艺术之水准论评了。这就是清代盛期要把烧瓷的窑设在宫中的原因。瓷艺从工艺上升为艺术，需要画家执笔，所以中国的水墨画代替西洋的写实画上了瓷器，形成一种风气。

图案与绘画究竟何者较宜呢？以生活艺术来论断，图案是比较合宜的，因为器物之美是以造型为主，彩饰不过是增加其美感而已,并不是主体。图案因为没有强烈的性格,不会吸引过多的注意力,如果用得好,可具有补充的作用。如果用图画,希望它不会喧宾夺主,只有缩小其面积,作点缀性的应用。大幅的、遍装的图画,以淡彩的墨线条国画为最佳,但这是属于纯陈列用的瓷器,在生活实用瓷器上是很少见的。

彩瓷之美

一般人很容易以为,只要是多彩之瓷就是美瓷。诚然,丰富的彩色如入花丛,是有感染力的。可是不要忘了,万紫千红的花丛除了色彩丰富之外,是以大自然之力量生长出来的,它呈现出视觉上的艳丽,但同时也呈现了生命的秩序,换言之,它是在生态均衡的条件下,产生了使我们感动的花朵群。通过画工的手再现花丛,是否仍然合乎大自然的秩序就颇令人怀疑了。所以,多彩之瓷的美否判断是大有学问的。前文提到大陆市场对于多彩遍装的偏爱,只是说明了清乾隆以后的低俗品位。因为当时的判断正是多彩多花多巧思为美的观念,是落实在大众品位上的。

任何艺术,在过度发展技巧之后,其价值就会堕落,因为"奇技淫巧"确会使人失掉清醒的思维与审美的判断。彩瓷到了乾隆时期,只是想尽办法出花样,及至烧瓷、上彩、描画等都不能再变了,又出了套瓶的花样。最有名的就是台北故宫常会介绍的"洋彩青地金鱼游水瓶",内瓶可以旋转,形成金鱼游水的感觉。其实台北故宫收藏中类似的旋转器物是很多的,大多烧制精巧无比,画工细致,非常好玩,它只有一个缺点,就是缺乏美感。因为过分重视奇巧的结果是轻忽造型，堆积色彩与花样，轻忽整体的统一感，甚至连色彩之间的调配都未经认真考虑。这些东西大多得一个"奇"字，忽视了"美"字。

喜欢丰富色彩的人多喜繁华、热闹。这未可厚非，但最好在彩画上找到统一的要素。最安全的多彩作品是有单色为地的遍装，如台北故宫收藏的"黄地洋花方瓶"，除了缠枝设计的统一感外，黄地是重要因素。或以红为地的"锦上添花胆瓶"，也是同一性质。乾隆的珐琅瓷中除了这类作品外，大多俗气而缺乏美感，比如著名的盘口双圆瓶，是稀奇的作品。两个圆瓶贴在一起，在功能上毫无意义，圆形作为造型的主调是很好的，但色彩上红、蓝地相对比，大大降低了和谐感。它们的问题正是画工们想尽办法在一件器物上用上各种颜色，堆积各种画法，加上在造型上增添很多不必要的零件，一件美丽的作品反而伧俗不堪了。如果多彩的设计中能保持同一色系，当能有和谐高贵之感，可惜是数甚少，即使是开窗式设计，也难免杂乱之感。

乾隆式瓷的另一种具有美感的设计是在白地上作遍体的图画。这是装饰性非常高的产品，一直沿用到现代。比较达到"雅俗共赏"目标者，是造型良好的器物，如胆瓶，上画国画的花鸟。有些淡墨山水的作品，雅致有余，大众性不足，以C型轮廓的梅瓶为主。

顺着这一思路，可知近代的作品，以白地点缀小画的设计是容易有美感的。因为是白地，所以要注意整体造型的美。如果是很小的图画，放在那里并不会扰乱视觉，只会增加趣味，因此为商家广泛使用，尤其是既想讲究雅致又必须考虑经费的时候。在乾隆的时代,国力鼎盛,有很多人力物力可以投入瓷器的造作,所以以费工费时的珐琅底色瓷为多,即使在底色上也要以费工的图案布满。

局部装事实上是最可能有创意与美感的装饰方法,可惜在宋代以后就少见了。宋磁州窑的白地画花器或黑花器,以局部装饰为多。这种装饰的好处是按器物的部位性质施行,等于强调了器物造型的特色,如主要的图案放在瓶子的腹部,强化了形式的主从关系,有时候在肩或足的部分加以装饰,则是自反面来强化功能的关系。

由于它的创意性,局部装饰在现代瓷器上使用较多。近年来,西方的设计家在生活陶瓷上多所用心,作品大多属于此类。除非是艺术创作,遍装反而少用了。

我手边有几个商业设计师的作品,可以看出其趋势。现代商品需要大量生产,彩画均为机器印刷,器物之体亦为模制,所以并非高价品,是百分之百的生活用品,值得推广。近几年流行的局部装,是属于上部装,即自接近于沿口处施装,有一种自上垂下的感觉。不论是红花还是绿叶,都有同样的飘逸感。即使是抽象的设计,似乎也不差,因为茶杯与饭碗都是用嘴接触口沿的,设计师这样下手,自上沿施色有强化功能的意味。我认为如有自下向上施色的设计,必有生命上升的感觉,也应可以创造美感趣味。

局部装虽很少有重点装的设计,但自元代以来,颈部、肩部与足部在遍装设计中常有特殊的图案,如云肩等。这样在色彩协调的设计中,凸显出各部分的特色,其实已经暗示,如果这样去做局部装饰是完全可能的。

[室内篇]

享受室内空间

简单地说,空间的感觉是尺寸、光线、功能的整体反映。我们要享受室内空间,就要同时了解三个要素的联动关系,做适当的配合。

我们一生的大半时间都在室内度过，但是很少有人能觉悟到室内空间对我们的重要性，这是我们对空间不够敏感之故。"空间"不是实在的东西，不像一件器物或家具那样具体地呈现在我们眼前，使我们感受到它的存在，而且为它的美感所吸引。然而空间是确实存在的，它对我们的影响也是实在的。如果我们敏感地意识到它的存在，而且体味它的美感，对于生活品质是大有帮助的。

室内空间是由墙壁、门窗、天花板、地板所围成的，空间是否就等于这些因素呢？不是。这些因素是实体的东西，我们可用看一般器物的眼光去看它们。如果这些因素都合乎美观的原则，便可以加强空间的美感，但却不是空间的全部。其实不只是围封的因素很重要，在室内空间中，一些活动的摆设或用具，诸如家具、灯具、器物，都是不可少的。这些生活用具是否合乎美观原则，对于空间有很大的影响，甚至墙上挂的画、地上铺的毯，都能左右我们的感觉，但它们都不是空间的基本要素。

那么，什么是空间感呢？

我们先假设一个纯粹无色、无质、无物的房间，要怎么觉察到它的存在呢？首先是几何学上的要素——长、宽与高。我们人在其中，这三个要素的相对关系就构成了空间感觉，因为它会对我们的心理造成影响。事实上，我们的心理对空间的反应是很敏感的，建筑艺术的根基正落实在这种空间感觉上，围封的因素与生活用具只是有强化或转移的作用而已。

室内自然采光（Marc Gerritsen 摄影）

一个不宽不高却特别长的空间，就是长廊，会带给我们很大的心理压力，长期停留在里面会生精神病。一个不长不宽却特别高的空间，就是深井，会使我们心生恐惧，久留之会精神错乱。所以我们的心理需要的是长、宽、高非常合宜的比例。而心理需要与空间功能是互为因果的，比如睡觉的房间不宜太高，会客的房间不宜太低，公共空间需要高大，私密空间需要亲切等。

但是只有几何学上的抽象尺寸关系是不够的，另一个重要条件是光线。在同样的几何空间中，如果有不同的光线，就会有不同的心理效果。没有光线，不论怎样的空间也是黑暗一片，空间就真正不存在了。

光线是复杂的问题。在空间呈现的课题上，有几种性质是相关的。一、**强弱**。光线的强弱可以改变空间的感觉，过强过弱都会使我们产生不舒服的感觉。二、**分布**。光线可以均匀分布,也可以集中,与空间之使用功能有关,联动着视觉感受,因此是比较受到重视的条件。三、**来源**。光源是指光线的来源,自然光是日光或天光,用开窗控制,灯光是人工可以完全控制的光,所以为室内设计者所爱用。建筑师较偏爱自然光,以应和自然。

除了以上的基本要素外,围封面的色彩与质感也会对空间感觉构成影响,尤其是光线中的颜色。但为篇幅所限,在此暂不讨论。

(阮伟明/提供)

总之，简单地说，空间的感觉是尺寸、光线、功能的整体反映。我们要享受室内空间，就要同时了解三个要素的联动关系，做适当的配合。下面我们以功能为纲领来讨论室内空间的美感要素。为了方便讨论，以我家为例。

舒适的感觉

我在台北的住家有两处，早期为四层公寓的顶层，后期是大厦中的一户，是普通的中产之家。两处都有同样的问题，进深太大。建筑师的设计是把客厅、餐厅连在一起，把解决不了的黑暗核心设计为餐厅。这样的安排使我进到家门只看到一个长条空间，一边亮、一边暗，没有家的感觉。我曾到过住在同样公寓的朋友家，只能用柜子隔开为两部分，暗处以灯光解决。

我也没有更好的办法，但为了经营气氛，觉得起居室比较重要，首先要找到适当的尺寸与比例。一般说来，公寓的天花板高度约为两米七八。客厅开窗的一面，最适当的宽度是四点五到五米之间，这是大约以黄金比例算出来的。我家的公寓，客厅宽约四米，嫌窄了些，就把隔墙向卧室推了半米。至于长度，可相当于宽度或略长，所以不能不与餐厅隔开。约三十年前，我尚年轻，喜欢温暖的家庭气氛，就以美国式住宅为模式，在中间砌了一个砖壁与壁炉，作为客厅的精神重心（图一）。

壁炉后面的餐厅里摆了桌椅，适当的宽度与天花板高度相

图一：富锦街客厅的室内砖壁、壁炉

近，约三米。可是这是黑暗的一端，中间砌了壁炉后更显黑暗了，只有靠灯光。由于我住顶楼，就趁砌壁炉烟囱要打屋顶之便，在餐厅的中央开了一个天窗，立刻豁然开朗，成为我家最受欢迎的地方（图二）。

　　进入老年，为避免爬楼梯才换住大厦。这次同样是一个长条空间，面积略宽大，只是更长些。在这里无法做壁炉，我决定把家的气氛自温暖的感觉改变为愉快的感觉。年纪大了，儿女远走他乡找自己的事业前途，我只有祝福他们。全家围炉夜话的情境不会出现了,壁炉只能使我感到岁月流逝的悲哀。我决定把长条空间的中央做成古文物的展示柜,把我最喜欢看到的收藏品陈列出来。这样一来,我家的核心就是美感的启动者,使我可以忘忧。这个柜子等于一个房间,中间是收藏空间,四面墙壁都是展示柜。在最重要的起居间的一面,我放了一尊思惟菩萨坐像(图三)。我的一生都在思索中度过,所以看到这尊菩萨微带笑容的面庞,颇使我感到安慰。起居间的比例定为1:2。

餐厅的部分,我把天花板略微降低,空间虽小些,仍然保持着良好的比例,以亲切为上。在中央展示柜上,我放了些陶瓷器的小件,造型美好的杯、碗、瓶、罐之类。在一端的墙面

图二:富锦街餐厅,上方有天窗

图三：起居室

上挂了一幅扇面书法，下面放了一张古式台子，安放一尊面容平和的佛头（图四）。我家几乎没有客人，是我自己的心灵天地，也是我思考与写作的地方。

这是一个以灯为光源的住家。我决定把中央展示区设计为主要的光源，也就是开灯先开文物柜，先看到这些使我愉快的东西，也照亮整个开放的区域，如果没有其他目的，不必再开其他灯。在过去，公寓的面街方向流行全面采光，自然光可以达到中央部分，现在的建筑重造型，采光面减少很多，依赖灯光处便多了起来。

图四：餐厅

富丽的感觉

上面花了些篇幅以我家为例介绍中产之家的室内空间，因为现代的中产之家是以生活为目的之空间，也是建筑学所研究的范围。可是到了上个世纪 90 年代，财富暴增，居住建筑领域开始出现超乎生活需要的住宅及公寓，今天称为豪宅。在过去，只有贵族才住豪宅，他们有不同于一般人的生活方式。他们都有成群的仆役，他们夫妇各据一方，拥有不同的起居空间。他们有独立的图书馆与办公空间，有接待宾客的区域，当然也有迎宾大厅。他们没有生活，只有仪式。宫殿的空间需要是今天没法想象的。

今天拥有豪宅的人都是平民经商成功者，在生活方式上与一般人并没有不同。他们住超过生活需要的空间是为享受成功的滋味与富丽的感觉，因此必须为自己设计独特的生活需求。今天有资格过富丽日子的人越来越普遍了。

富丽的空间感首先需要的是高度。我们常说"富丽堂皇"，很明白地表示出"堂皇"是富丽的重要条件。堂皇就是恢弘的意思，气势要大才能堂而皇之，令人感动。问题是我们为什么需要这种感动呢？

在古代，宏大的庙宇，或平民看不到的故宫大殿，室内空间都是极高的，但那不是居住建筑。它所需要的感动是庞大的气势带给我们自身渺小的感觉，使我们匍匐在地，感怀超自然力量的眷顾。到今天，这种堂皇的空间已由公共空间所取代。

英国19世纪豪宅的大厅

维也纳宫殿局部

今天世上最可怕的力量是人群,所以有很多人使用的空间才应该是富丽堂皇的空间。

在公共空间中没有过分宽大的问题,因为我们是过客,但是在住宅中就不同了,因为住宅的空间与生活密切相关。举例来说,为什么古代的床都有床架呢?不仅仅是中国的老床,即使是欧洲的古代,床也是有架的。床架是一间与床同大的小屋,使我们睡在里面感到安全舒适。因为过去的房子太高太大了,睡在里面在心理上没有安全感。从生活上考量,我们需要的空间是一致的。在客厅里,我们聊天时的距离大体相同,所以过大的客厅只是多几组沙发,可以开派对而已,对于家庭功能并无帮助。由于过长过宽,按照比例,天花板一定要高大才能配衬。可是天花板过高的房间如设计不良,就失掉了亲切感。

比较考究的住宅，常把客厅天花板加高，有时利用两层的高度，以给客人留下堂皇的印象。这样的空间是为客人设计的，家里则另有比较亲切的起居间。过高的房间若用为起居间，必须在心理上降低其高度，如墙板的高度或灯光的高度等。真正富丽的空间必须有高处的光源与华丽的天花板，使人仰望而赞美。两层以上的大玻璃窗，或超过一层高度的绘画亦可达到同样的效果。

庄严的空间

在室内空间中，有一类并不令人有享受之感，却时有必要者，即肃然、庄重之空间，也称为正式的空间（formal space）。政府机关中的各种接待与集会空间，都属于此类。正式的空间除了必须高大、宽阔之外，还有几个必要的空间要素，虽无法享受，却可欣赏。在真正的住宅中，也可以设置这样的空间，供仪典活动之用。

第一个要素是对称。有中轴线的空间是显示主人地位的手法之一，也是人类天生喜爱的特质，最严格的对称常常扩展为家具的安排与墙面悬挂的艺术品等。由于中轴线的存在，所以空间的进深要大过宽度，以西式教堂的空间为原型，也就是进口要在短边设置。大陆的各机构都有类似的接待室，沙发的安排有向主人致敬的感觉。台湾同类接待室内沙发的安排靠边，留出中央空间，以强调正面。

维也纳宫殿典雅的装饰

德国教堂之神龛

第二个要素是正面性。由于中轴线的存在，最后必然以底端的墙壁为中心，所以正面的神圣感是必要的。这也可以与庙宇和教堂的正面相比拟。东方的庙宇正面以神像为核心，西方教堂则为神龛，为十字架悬挂之处。台湾早年总是在正面悬挂领袖的照片，形成另类教堂的气氛。近年来，政治味降低，逐渐为大幅艺术品所取代，但也是气势磅礴的作品。

第三个要素是典雅的装饰。宽大的空间中没有一点装饰会显得苍白，所以正式的空间大多采用一些古典的线角、饰板之类，以增加其高贵感。最高级的感觉，往往是来自壁面的浮雕、地板的拼花与天花板的吊灯。设计可以千变万化，但其目的无非是烘托空间中高贵主人的地位。在这类空间中，所使用的复古的样式是成套呈现的，可以有统一的风格。这一点在台湾是很少见的。

[灯具篇]

灯具与光源

人类为了控制时间，抗拒上帝的昼夜划分，从而可以在夜晚工作，必须以人造光来改造自然，所以灯光的发明是文明的开端，与"火"一同来到世界。

我为最后的一次讲题找一种生活用具时，想了很久也难以决定。曾想到文玩，想到玉器，想到衣饰，等等，但不是离生活太远，就是我不太熟悉。最后决定以现代都市生活中不可缺少的灯具加以讨论。

　　灯具的产生与光有关，光是万物存在的起源，没有光，一切都消失了，即使我们知道它们的存在，也没有任何意义。所以《圣经·创世记》的第一段讲道，上帝花六天时间创造天地万物，第一件事就是创造了光。没有光就没有生命，至于我们的花花世界自然也会回到"空虚混沌"之中了。我们恐惧黑暗是很自然的。

　　为此，我们发明了灯光，以补天然光线之不足。在原始的世界，人类为了安全必须住在洞穴之中，不得不与黑暗为伍。同时，人类为了控制时间，抗拒上帝的昼夜划分，从而可以在夜晚工作，必须以人造光来改造自然，所以灯光的发明是文明的开端，与"火"一同来到世界。

　　有了火就有了光，可是光来自更受约束的火，因为光源需要持久才可以。我记得小时候在山东乡下玩火时，曾设法把火改变为灯，我找来松枝中带油脂的小木块，用这个特别耐烧的部分做成了灯。最早的灯是用油与芯子做成的，那就是我在乡下时家

战国·跽坐人漆绘铜灯
（郭灿江/提供）

里用的油灯。蜡烛是古代发明的照明工具，是用凝固的油与芯子做成的。

至迟到战国时期，油灯与烛就都有了。

油灯是一个圆形的盘子，里面加油，用芯子点亮，灯的架子是造型。考古发现，在河北出土的战国中期的一个灯架表现的是人物持螭龙的神话故事，人物手执一支灯柱，上有灯盘，螭龙口中衔一个灯盘。在同一出土地点还发现了一个灯树，共十五个灯盘，树上有龙虎及鸟兽等，可见当时已把灯架当成装饰的重点了。在其他考古发掘中也发现了大小不一的人物灯架，似乎人物是灯架通用的主题。

在广州发现的西汉南越王墓中出土了若干兽形的灯架，但不是用灯盘，是用烛插代替，这说明当时已流行用蜡烛。振翼

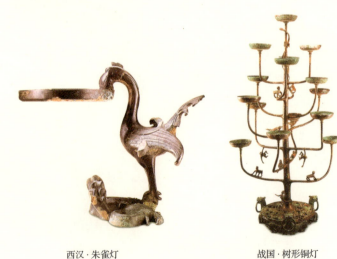

西汉·朱雀灯　　　　　　　战国·树形铜灯
（郭灿江／提供）　　　　　（郭灿江／提供）

欲飞的鸟头上闪烁着烛光，可以想见除了象征意义外已很重视美感了。

西汉的文化仍然以北方为中心，所以河北出土的衔着灯盘的朱雀灯，造型要好看得多。

古代最考究的灯具莫过于汉代的了，宫殿里使用的灯架都做成宫女手执油灯的模样。西汉中山靖王的大墓中出土了造型美丽的宫女跪地手持灯笼的灯架，称为长信宫灯。到东汉，此一传统仍持续着。江苏出土了一个牛形的灯架，上面驮着灯笼，制作精致，可与长信宫灯媲美。可见真正考究的灯架，除了造型美好外，还要把烟灰排除，并可以调整光线的强弱，已经是艺术品了。东汉的灯具中也出现了吊灯。可以想见在大型宫殿里，需要各种式样的灯照亮庞大的室内空间，因此各种设计都有可能。自梁架上吊下的油灯必然是很多的，图示出土的吊灯是飞翔人形，与古代神话不无关系。东汉崇信仙人之

战国·飞翔人形吊灯
（郭灿江／提供）

汉·油灯灯盘
（私人收藏）

说，所以也曾发现以跪坐羽人代替早期宫女的灯架。这些是把灯具美化的早期的例子。自是而后，历代都有灯具的造型。直到西方的电力应用传来中国，家庭普遍电气化，照明改用电灯后，灯具才成为生活器物中普通的用具，成为室内空间美感的一部分。

直接光与间接光

我们需要光线，但只有极少的情形才需要太阳的直接照射。太阳光是能量的来源，是生命的泉源，但它的直接暴晒是有杀伤力的，所以我们总是躲着它，原始时代建筑的一半作用就是避日晒。在日常生活中，光线带来明亮。到了现代社会，对光的强弱、色泽予以适当的安排，就可以控制环境的气氛。

室内灯，长杆立灯

尤其在使用电气人工采光之后，光，成为了一种艺术。灯具在这种艺术运作中占有重要的地位，成为室内装饰的要角。

　　与阳光比较起来，人工光是柔和的、友善的，特别是人工光源可以因照明的需要加以改变。可是一般说来，室内空间照明中，间接光要气氛，直接光要光亮，两者是缺一不可的。因为间接光也可以有高亮度，所以当光源亮度逐渐提高时，对直接光源的需要就越来越少了。把刺眼的直接光转变成合用的间接光，就成为了灯具的重要功能。在我们儿童时期的回忆中，一个透明的灯泡挂在房间中央的情形已经少见了。

　　自电灯逐渐普及后，随着光管技术的成熟，间接照明成为主要的发展方向。有了光管，电灯就可以隐藏在天花板或墙壁的角落，使我们看不到光源，只感到明亮。光管的光色较近日光，所以更可模拟自然光。设计师在大厅中使用光管，可减少对吊灯的依赖，同时仍可得到大面积的照明效果。

　　间接照明的另一个常用的方法是用投射灯。就是把灯嵌在天花板中，将光线投射到墙壁，再由墙壁反射照亮房间。这个方法是来自画廊的照明。在一般住宅的客厅壁上均有挂画，此为一般照明与绘画照明兼顾之法。此种灯有两种，一为近年来习用之嵌顶灯，一为画廊常用之轨道灯。后者便于使用，但灯的本身并不美观，因此除少数例外，住宅中少用之。我家两种灯都有用到。

　　间接照明中比较少用的是立灯投射照明。在现代设计中，立灯使用不多，但用为间接照明者甚有特色。这是用投射天花板的方式达到照明的目的，所以有些立灯也是投射灯。它的特色是有一个长杆，灯具本身是有造型的。

但是在日常生活中，由于电灯光亮太强，有刺眼的负面效果。中产阶级只有在庆祝活动时，需要浪漫的气氛，才使用过时的蜡烛，以及上世纪发明的香油灯。因为它们光度低，遇风摇曳颇有诗意，但为日常应用却是不够的。

灯罩与灯架

正因为前述的原因，所以最早的灯具是灯罩。灯罩是把直接光变为间接光最简单的办法，而且可以把灯光造型化。不论是座灯、吊灯，都需要灯罩。现代主义来临之前，玻璃的花灯罩是很多人家里主要的装饰品。这些东西，与玻璃花瓶一样，都成了古董。现代主义的风潮来到东方，室内看到的第一个改变是纸灯笼的应用。这是西方工艺家来到日本，看见庙埕挂的灯笼所萌发的灵感。

三十年前，我在台北富锦街的住所使用了两个日本式的纸灯罩。在客厅里的大圆球成为这个既现代又古典、既本土又西洋、既朴素又雅致的空间的精神中心。室内有很多圆形——圆拱、车轮、圆形坐凳，以及古董汉陶瓮，是几何造型统一的要素。这是我自己最喜欢的居住空间。屋顶的卧室也是以原木板搭建的木屋，窗外是屋顶花园。为了求变化，挂了一个有装饰性的纸灯罩，使朴素的空间里多一些花巧。这两个灯罩都成为了我生命中的重要回忆。

这种吊灯罩到了今天的设计师手上，发展出多种变化的式

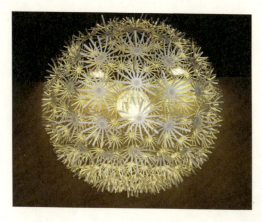

宜家的造型灯罩

样,成为造型设计的自由场域。现代设计学院的教学中,几何造型的练习常以吊灯灯罩为题,其作为客厅或餐厅之视觉中心,是既美观又合用的产品。今天要欣赏灯具之美,自吊灯开始是很自然的。

其实吊灯之美自古代就开始被注意到了。西方重要建筑中必有重要的厅堂,天花板很高,且洛可可式的装饰是少不了的。中央的空间一定有一大型的吊灯,称 chandelier,是建筑师设计的重要项目,所以大体上属于同一概念——花朵样的辐射,但装饰的细节则配合室内设计的气氛各有变化。

由于这样的传统,西式住宅也喜欢用吊灯,只是空间不大,造型要简单些,但大多徒具形式,没有美感。吊灯原是用蜡烛的,改用电灯后,简化为几何形设计者,就清爽美观得多了。

我家的餐厅既不大又不高,买了古董的桌椅之后,由于是细木条的母题,所以就在桌子上方的天花板上,安了个吸顶

维也纳宫殿内的大型吊灯

瓷瓶座灯架

灯,找了几家灯具店,才找到一个用细条组成的设计,并不非常理想,但可以相配。这是一般中产阶级处理灯具的方式。对建筑师而言,吊灯与吸顶灯,最好是采用特殊设计来配合室内空间,溪头活动中心与南园的吊灯就是这样产生的。

自繁饰的 chandelier 到一个大圆球,到具有造型变化的光球,到片状的吸顶灯,都是建筑空间的主角,因为吊灯是主光源即所谓普遍照明,灯具之美自此开始。其次才是一般辅助的照明,如台灯、立灯之类。

可是西洋人一般家用台灯,使用最普遍的是以瓷瓶为座的灯架,上罩素色的饰罩,也就是用瓷器的美来衬托灯光。洋人侵略中国,带走不少古瓷,他们不知如何欣赏,亦不知何用,就拿来做灯架。上世纪末在中国古瓷拍卖场上出现的元、明瓷罐,就有底部有孔以通电线者。后来成为风气,有专为灯架设计的瓷罐，很便宜，图案颇为美观。我在进入老年，搬到电梯公寓去住的时候，就为卧室买了两只，放在床头。这种瓷罐有很多花式可以选择。

台灯中的床头灯用的机会少，属于装饰用灯，但书桌或办公桌上的台灯却是常用的，瓷罐就不很方便了。这种台灯对于室内美感的经营是很有帮助的，所以设计出来的花样很多。

伸展的灯架

为了生活的便利，家用灯具设计的花样渐多，其中有一个观念是让灯随着我们的方便移动，而不必我们随时迁就它、搬动它。比如我们坐在椅子上看书，需要适当的灯光，立刻可以调整妥当。如果我们坐的椅子是躺椅，在看书后觉得累了，慢慢躺下来，就需要灯光随着我们移动。这是可以做到的，但要可以伸展

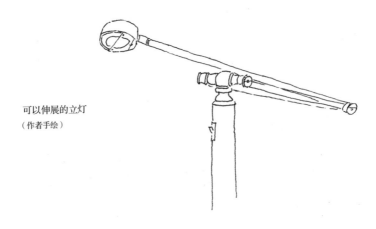

可以伸展的立灯
（作者手绘）

的设计才成。现代灯具设计中,这是特别的一类,有创意,有造型,有机械的美感,是现代生活中不可缺少的。我家有一伸展灯架,是台湾仿造的意大利设计,因为我在书桌上使用,另一端有一座椅,也需要灯光,所以才购买了这件可以伸展并调整高低的灯具。可见生活的品质要求也可以反映在灯具上。

在一个比较大的书桌上放一个台灯,也免不了需要常常移动,以适应位置的变动,这时候一个可以伸展或变换光线位置的台灯就有需要了。现代生活中,书桌边放可以伸展的立灯,或有伸展轴的台灯都是很普遍的。我家有一个很简单的台灯,上有普通的灯罩,铜色,可以伸展一英尺(编注:约为30.48厘米)左右,也可以旋转,是很方便的工具,也具有机械的美感,只是进入21世纪,这样的灯比较少见了。灯具与其他工艺品一样,受风潮之影响甚深,今天的伸展式的灯具立架,强调动感与力感,连灯头也不再方、圆了。然而风潮如此多变,美感却是永恒的。

后 记

大约两年前,我离开宗教博物馆馆长的职位后,联经的林发行人来看我,谈到在《汉宝德谈美》与《谈美感》两书出版之后,似乎需要一本告诉读者怎样自我培养美感的书。如何培养自己的美感素养,是我在演讲时常遇到的问题。我写"谈美",本希望引起教育界注意,使美育在政府体系中受到重视,根本没有想到推动的实务。近年来才觉悟到我人微言轻,说破了嘴也不可能有反应,所以不得不考虑去具体地回答这些问题。

恰在此时,新上任的前"文建会"黄碧端主委也来看我,谈到推动生活美学的工作,她希望我担任顾问,成立专家小组,直接介入大众的美感培育。这个任务与林发行人的想法是可以互补的,我就一口答应下来了。

以前出的这两本书都是自《明道文艺》的专栏所集起来的,每年十篇,似乎有些等不及,何况《明道文艺》已经打算改版,未必对美育有兴趣。因此我决定在最短期间内写完这本新书出版,以配合"文建会"的生活美学运动。我整理过去若干年的所思所为,花了三个多月的时间就写完交卷了。

可是没有想到原本计划可以很快出版的书，一直拖了大半年的时间，多灾多难，几乎以为无法与读者见面了。原因有二：其一，我在写作的时候，为了方便，使用手边的书籍与图片，描述美感的形式，没有想到著作权的问题；其二，林发行人对此的期望甚大，开始时打算做成一本图文并茂的书，文中之插图尽量用大尺寸的图版。这两点加起来，注定使出版作业遇上棘手的困难。

在同一时间，我所主持的"生活美学丛书"出版计划也遇到同样的问题。那是以图版为主的一系列视觉生活美感的出版物，却因选用适当的照片必然会遇到著作权问题而一拖再拖。这本新书也是，因此使负责编务的邱小姐伤透脑筋都无法搞定。有一度我几乎要决定重新写过了。

这类出版品如要保持高水准，一定要使用好的图片与好的作品。我们只好期待未来能有周严的法律，使精美的文化可以普及于大众。

谢谢联经同仁们耐心地处理相关的问题，使本书终于可以与读者见面。

汉宝德

2010 年 3 月于空间文化书屋